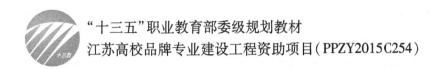

"十三五"职业教育部委级规划教材

江苏高校品牌专业建设工程资助项目（PPZY2015C254）

纺织品质量标准与检测

陈春侠　樊理山　主　编
陈宏武　秦　晓　副主编

U0241432

中国纺织出版社

内 容 提 要

　　本书是"十三五"职业教育部委级规划教材中的一种,内容主要包括标准及标准化的基本知识,纤维质量标准与检测,纱线质量标准与检测,织物质量标准与检测,生态纺织品标准与检测,功能性纺织品标准与检测,服装检测标准。书中列举了各个项目的检测标准、仪器及具体操作流程,并在章后设置了思考题。

　　本教材是为了满足高职高专纺织品检验与贸易专业的教学需要而编写,可作为高职高专现代纺织技术及商检商贸专业的参考教材、中等职业学校相关专业的提高教材,还可供纺织检测行业相关人员参考。

图书在版编目(CIP)数据

　　纺织品质量标准与检测/陈春侠主编. -- 北京:中国纺织出版社,2018.7 (2024.2重印)
　　"十三五"职业教育部委级规划教材
　　ISBN 978 - 7 - 5180 - 5141 - 0

　　Ⅰ.①纺… Ⅱ.①陈… Ⅲ.①纺织品—质量标准—职业教育—教材 ②纺织品—质量检验—职业教育—教材
Ⅳ.①TS107

　　中国版本图书馆 CIP 数据核字(2018)第 130364 号

责任编辑:符 芬　　责任校对:王花妮
责任设计:何 建　　责任印制:何 建

中国纺织出版社有限公司出版发行
地址:北京市朝阳区百子湾东里 A407 号楼　邮政编码:100124
销售电话:010 - 87155894　传真:010 - 87155801
http://www.c-textilep.com
中国纺织出版社天猫旗舰店
官方微博 http://weibo.com/2119887771
北京虎彩文化传播有限公司印刷　各地新华书店经销
2024 年 2 月第 4 次印刷
开本:787×1092　1/16　印张:10.5
字数:233 千字　定价:49.00 元

前言

职教的最终目标是提升学生的综合实践能力，德育首位，能力本位。在素质教育及经济全球化的时代大背景下，对学生综合素质的要求不断提高，培养纺织品检测能手，使其胜任岗位并可持续发展是本教材的编写初衷。为满足高职高专教学的需要，在上级主管部门的领导与组织下，本教材编写团队编写了本书，内容涵盖了标准及标准化的基本知识，纤维质量标准与检测，纱线质量标准与检测，织物质量标准与检测，生态纺织品标准与检测，功能性纺织品标准与检测，服装检测标准。本书的特色重在应用性，内容翔实，图文并茂。

本书由陈春侠、樊理山担任主编，陈宏武、秦晓担任副主编。

本书的编写分工如下：模块一、模块五、模块六由陈春侠编写，模块二由马倩、黄素平编写，模块三由王可、王曙东编写，模块四由陈宏武、秦晓编写，模块七由樊理山编写。全书由陈春侠整理统稿。

本书在编写过程中得到了各级领导及各位参编老师的大力支持，并参考了相应的标准、著作及论文文献，在此一并表示衷心的感谢。

由于编者水平有限，本书难免存在不足之处，敬请读者批评指正。

编　者
2018 年 2 月

目录

模块一　标准与标准化

项目一　标准的分类

标准化工作是一项复杂的系统工程,标准为适应不同的要求从而构成一个庞大而复杂的系统,为便于研究和应用,可以从不同的角度和属性将标准进行分类。

一、根据适用范围分

根据《中华人民共和国标准化法》(以下简称《标准化法》)的规定,我国标准分为国家标准、行业标准、地方标准和企业标准四类。

(一)国家标准

由国务院标准化行政主管部门制定的、需要全国范围内统一的技术要求,称为国家标准。

(二)行业标准

没有国家标准而又需在全国某个行业范围内统一的技术标准,由国务院有关行政主管部门制定并报国务院标准化行政主管部门备案的标准,称为行业标准。

(三)地方标准

没有国家标准和行业标准,而又需在省、自治区、直辖市范围内统一的工业产品的要求,由省、自治区、直辖市标准化行政主管部门制定,并报国务院标准化行政主管部门和国务院有关行业行政主管部门备案的标准,称为地方标准。

(四)企业标准

企业生产的产品没有国家标准、行业标准和地方标准,由企业制定的作为组织生产依据的相应的企业标准,或在企业内制定的、适用国家标准、行业标准或地方标准的企业(内控)标准,由企业自行组织制定的,并按省、自治区、直辖市人民政府的规定备案(不含内控标准)的标准,称为企业标准。

这四类标准主要是适用范围不同,不是标准技术水平高低的分级。

二、根据法律的约束性分

(一)强制性标准

强制标准范围主要是保障人体健康,人身、财产安全的标准和法律、行政法规规定强制执行的标准。禁止生产、销售与进口不符合强制标准的产品。根据《标准化法》规定,企业和有关部门对涉及其经营、生产、服务、管理有关的强制性标准都必须严格执行,任何单位和个人不得擅自更改或降低标准。对违反强制性标准而造成不良后果以至重大事故者由法律、行政法规规定的行政主管部门依法根据情节轻重给予行政处罚,直至由司法机关追究刑事责任。

强制性标准是国家技术法规的重要组成部分,它符合世界贸易组织贸易技术壁垒协定关于"技术法规"定义,即"强制执行的规定产品特性或相应加工方法的,包括可适用的行政管理规定在内的文件。技术法规也可包括或专门规定用于产品、加工或生产方法的术语、符号、包装标志或标签要求"。为使我国强制性标准与 WTO/TBT(世界贸易组织贸易技术壁垒协议)规定衔接,其范围要严格限制在国家安全、防止欺诈行为、保护人身健康与安全、保护动植物的生命和健康以及保护环境五个方面。

(二)推荐性标准

推荐性标准是指导性标准,基本上与 WTO/TBT 对标准的定义接轨,即"由公认机构批准的、非强制性的、为了通用或反复使用的目的,为产品或相关生产方法提供规则、指南或特性的文件。标准也可以包括或专门规定用于产品、加工或生产方法的术语、符号、包装标准或标签要求"。推荐性标准是自愿性文件。

推荐性标准由于是协调一致文件,不受政府和社会团体的利益干预,能更科学地规定特性或指导生产,《标准化法》鼓励企业积极采用,为了防止企业利用标准欺诈消费者,要求采用低于推荐性标准的企业向消费者明示其产品标准水平。

(三)标准化指导性技术文件

标准化指导性技术文件是为仍处于技术发展过程中(为变化快的技术领域)的标准化工作提供指南或信息,供科研、设计、生产、使用和管理等有关人员参考使用而制定的标准文件。

符合下列情况可判定为指导性技术文件。

(1)技术尚在发展中,需要有相应的标准文件引导其发展,或具有标准价值,尚不能制定为标准的。

(2)采用国际标准化组织、国际电工委员会及其他国际组织的技术报告。

国务院标准化行政主管部门统一负责指导性技术文件的管理工作,并负责编制计划、组织草拟、统一审批、编号、发布。

指导性技术文件编号由指导性技术文件代号、顺序号和发布年号构成。

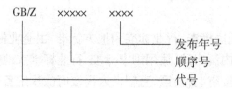

三、根据标准的性质分

(一)技术标准

对标准化领域中需要协调统一的技术事项制定的标准。主要是事物的技术性内容。

(二)管理标准

对标准化领域中需要协调统一的管理事项所制定的标准。主要是规定人们在生产活动和社会生活中的组织结构、职责权限、过程方法、程序文件以及资源分配等事宜,它是合理组织国民经济建设、正确处理各种生产关系、正确实现合理分配、提高生产效率和效益的依据。

(三)工作标准

对标准化领域中需要协调统一的工作事项所制定的标准。工作标准是针对具体岗位而规定人员和组织在生产经营管理活动中的职责、权限,对各种过程的定性要求以及活动程序和考核评价要求。

国务院发布的(86)71 号《关于加强企业管理的若干规定》中要求企业要建立以技术标准为主,包括管理标准和工作标准在内的、完善科学的企业标准体系。

四、根据标准化的对象和作用分

(一)基础标准

在一定范围内作为其他标准的基础并普遍通用,具有广泛指导意义的标准。如:名词、术语、符号、代号、标志、方法等标准;计量单位制、公差与配合、形状与位置公差、表面粗糙度、螺纹及齿轮模数标准;优先系数、基本参数系列、系列型谱等标准;图形符号和工程制图;产品环境条件及可靠性要求等。

(二)产品标准

为保证产品的适用性,对产品必须达到的某些或全部特性要求所制定的标准,包括品种、规格、技术要求、试验方法、检验规则、包装、标志、运输和储存要求等。

(三)方法标准

以试验、检查、分析、抽样、统计、计算、测定、作业等各种方法为对象而制定的标准。

(四)安全标准

以保护人和物的安全为目的而制定的标准。

(五)卫生标准

为保护人的健康,对食品、医药及其他方面的卫生要求而制定的标准。

(六)环境保护标准

为保护环境和有利于生态平衡对大气、水体、土壤、噪声、振动、电磁波等环境质量、污染管理、监测方法及其他事项而制定的标准。

项目二 国内外纺织品标准概述

纺织标准是以纺织科学技术和纺织生产实践为基础制定的,经有关方面协商一致,由主管机构批准,以特定形式发布,作为纺织生产和纺织品流通领域共同遵守的准则和依据。

一、标准组成

(一)标准编号

标准编号有国际、国外标准编号和中国国家标准编号两种。

1. 国际、国外标准代号及编号 国际及国外标准号形式各异,但基本结构为:标准代号 + 专业类号 + 顺序号 + 年代号。

其中,标准代号大多采用缩写字母,如 IEC 代表国际电工委员会(International Electrotechnical Commission)、API 代表美国石油协会(American Petroleum Institute)、ASTM 代表美国材料与实验协会(American Society for Testing and Materials)等;专业类号因其所采用的分类方法不同而各异,有字母、数字、字母数字混合式三种形式;标准号中的顺序号及年号的形式与我国基本相同。国际标准 ISO 代号及混合格式为 ISO + 标准号 + ［杠 + 分标准号］+ 冒号 + 发布年号（方括号中内容可有可无），例如，ISO 8402：1987 和 ISO 9000 - 1：1994 分别是 ISO 标准的编号。

2. 中国国家标准代号及编号　中国标准的编号由标准代号、标准发布顺序号和标准发布年代号构成。

国家标准的代号由大写汉字拼音字母构成，强制性国家标准代号为 GB，推荐性国家标准的代号为 GB/T。

行业标准代号由汉语拼音大写字母组成，再加上"/T"组成推荐性行业标准，如××/T。行业标准代号由国务院各有关行政主管部门提出其所管理的行业标准范围的申请报告，国务院标准化行政主管部门审查确定并正式公布该行业标准代号。已经正式发布的行业代号有 FZ（纺织）、QJ（航天）、SJ（电子）、JB（金融系统）等。

地方标准代号由大写汉语拼音 DB 加上省、自治区、直辖市行政区划代码的前面两位数字（北京市 11、天津市 12、上海市 13 等），再加上"/T"组成推荐性地方标准（DB ××/T），不加"/T"为强制性地方标准（DB ××）。

企业标准的代号由汉字大写拼音字母 Q 加斜线再加企业代号组成（Q/×××），企业代号可用大写拼音字母或阿拉伯数字或者两者兼用所组成。

例：中国国家标准编号为：

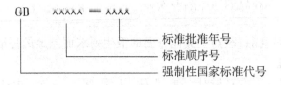

纺织行业标准编号为：

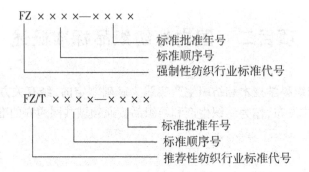

（二）标准的一般部分

标准的一般部分主要对标准的内容作一般性介绍，由标准名称、范围、引用标准三部分组成。

标准名称主要说明标准化对象名称及技术特征；标准的范围用于说明该标准的对象与主题、内容范围和使用领域；引用标准主要列出正文中所引用的其他标准文件的编号和名称。

凡列入的文件中被引用的章条，因引用而构成了该标准的一部分，故在实施中具有同等约束力,必须同时执行。

(三)标准的技术部分

标准的技术部分是标准的主体,是标准要规定的实质性内容。主要包括:定义、符号和缩略语、要求、抽样、试验方法、分类与命名、标志、包装、运输、储存、标准附录等。

1. 定义　当技术标准中采用的名词、术语尚无统一规定时,应在该标准中作出定义和说明。

2. 符号和缩略语　技术标准中使用的某些符号和缩略语,可列出一览表,并对所列符号、缩略语的功能、意义、具体使用场合给出必要的说明,便于读者理解。

3. 要求　纺织标准所规定的技术要求是可以测定和鉴定的,主要包括:质量等级,物理性能,机械性能,化学性能,稳定性,表面质量和内在质量,使用特性,关于防护、卫生和安全的要求,工艺要求,质量保证,以及其他要求等。

4. 抽样　规定进行抽样的条件、抽样方法、样品的保存方法等。

5. 试验方法　主要内容包括:试验原理,试样的采取或制备,试剂或试样,试验用仪器和设备,试验条件,试验步骤,试验结果的计算,分析和评定,试验记录和试验报告的内容等。

6. 分类与命名　分类与命名部分是为符合所规定特性要求的产品、加工或服务而制定的一个分类、命名或编号的规则。

7. 标志　分为产品标志和产品外包装标志。产品标志包括产品名称、制造厂名称、产品型式和代号、产品等级、产品标准号、出厂日期、批号、检验员印章等,以及标志的位置和制作方法。产品外包装标志包括:制造厂名,产品名称、型号、数量、净重、等级、毛重,以及储运指示标志和危险品标志。

8. 包装　包装部分的内容包括:包装材料,包装方式和包装的技术要求,或者包装的检验方法,随同产品供应的技术文件如装箱清单、产品质量合格证和产品使用说明书等。

9. 运输　运输方面的技术规定包括:运输工具、运输条件及运输过程中应注意的事项如温湿度要求、运输工具要求、小心轻放等。

10. 储存　储存部分内容主要对产品储存地点、储存条件和储存期限,以及长期储存中应检验的项目等技术要求作出规定。

11. 标准的附录　标准中的附录有两种性质:标准的附录和提示的附录。标准的附录是标准正文内容不可分割的部分,与标准条文具有同等效力。只是为了保证标准结构的均匀,将某些内容放在附录中,成为标准的附录。提示的附录则属于标准的补充部分。

(四)标准的补充部分

标准的补充部分由四部分组成:提示的附录、脚注、正文中的注释、表注和图注。

1. 提示的附录　提示的附录是指用来给出附加信息,帮助理解标准内容,以便正确掌握和使用标准的可供参考的附录。它不是标准正文的组成部分,不具备标准正文的效力。

2. 脚注　脚注可提供理解条文所必要的附加信息和资料,它不包含任何要求。

3. 正文中的注释　正文中的注释是用来提供理解条文所必要的附加信息和资料,它不包含任何要求。

4. 表注和图注　表注和图注属于标准正文的内容,它与脚注和正文中的注释不同,是可以包含要求的。

二、国内外纺织品标准

(一)国内外纺织品标准的分类

国内外纺织品标准有两种分类方法。

1. **按纤维原料、织物组织结构、加工工艺等分类** 按这种分类法分类较细,产品标准数量较多。这种分类法的代表有中国与俄罗斯的纺织产品标准。中国与俄罗斯的纺织产品标准在其本国纺织标准中所占的比例高于其他国家纺织产品标准所占比例。例如,中国的棉纺织产品标准包括棉本色布、棉印染布、色织棉布、大提花棉本色布、棉印染起毛绒布、精梳涤棉混纺本色布、精梳涤棉混纺印染布、精梳涤棉混纺色织布、棉本色灯芯绒、棉印染灯芯绒、涤黏中长混纺本色布、黏纤印染布等。此外,棉、毛、丝、麻、化学纤维各自为一套。

2. **按纺织品的最终用途进行分类** 将大的结构如机织物、针织物分开,这一种分类方法已被欧、美、日等国家及地区认可,像美国 ASTM 纺织产品标准(该标准已被国家技术监督局认可为国外先进标准)的分类,例如,男式成人及儿童衬衣用机织物的标准性能规格;男、女式成人及儿童游泳用机织物的标准性能规格;女式成人及儿童用晨衣、睡衣、长睡衣、便服、长衬裙和内衣用机织物的标准性能规格等。

这种分类方法虽然可能会造成分类区域重叠的问题,但以最终用途来划分,十分明显,且具有很强的操作性。英、德、法、日等国所制定的标准与 ISO 类似,多是基础和方法标准,从而使商业标准有了较大的发展空间。

我国的纺织产品标准化工作是伴随着我国纺织工业的发展而产生的,从某种角度上讲,它是一种指导厂家进行生产的生产型标准。标准的制定是为生产企业产品验收和分类分级服务的,标准是按使用的原料、应用的工艺条件能够达到的质量水平制定的。由于现今纺织品越来越强调纤维与纤维之间的混纺交织,各种新型纤维层出不穷,致使我国以原料来进行分类的纺织标准越来越显出局限性。

欧美标准最大的特点是根据产品的最终用途来确定标准,建立相应的考核指标,而不考虑产品的原料成分和工艺差别。从而使考核的指标更接近实际应用,质量指标也更为严格。摆脱了原料和工艺的束缚,使千变万化的纺织品无须再制定相对应的甚至是泛滥的产品标准。国际标准化组织纺织品技术委员会 ISOTC 38 也将"制定纺织产品的性能规格时不考虑织造方法"写入其发展战略中。其思路也是制定不受制造工艺限制的产品性能标准。

(二)我国的纺织品标准

1. **我国纺织标准体系** 与纺织工业的发展相适应,我国纺织标准化工作不断得到发展、完善和提高,取得不小的成绩。当前,我国纺织行业标准有 1300 多项,形成了以产品标准为主体,以基础标准相配套的纺织标准体系,包括术语符号标准、试验方法标准、物质标准和产品标准四类,涉及纤维、纱线、长丝、织物、纺织制品和服装等内容,从数量和覆盖面上基本满足了纺织品和服装的生产和贸易需要,为我国纺织工业的快速发展提供了有力的技术支撑。

另据国家有关部门统计,我国对国际标准的平均采标率约为 40%,而纺织品标准的采标率达 80% 以上,ISO 标准中有关纺织品和服装的标准,我国已不同程度地采用或已列入采用计划,这在国内居于前列。基础标准与国际标准的接轨也较好,不同程度地采用了国外先进标准,如美国标准、英国标准、德国标准和日本标准等,特别是基础的、通用的术语标准和方法标准基本上都采用了国际标准和国外先进标准,使我国的纺织品基础标准和方法标准基本上达到了国际标准或相当于国际标准的水平。

我国纺织品标准的实施有推荐性标准和强制性标准。推荐性标准除了大都采用国际标准或国外先进标准的基础标准和方法标准之外,基本都是产品标准。我国现有的纺织产品标准主要源于计划经济时代遗留下来的生产型标准。所谓的生产型标准是根据生产企业的生产工艺、原料结构、产品种类等因素制定的标准。这类标准被要求直接作为企业组织生产的依据。但这类标准的技术指标的依据主要是生产工艺,而不是消费需求,有的过高,有的过低,而有的则过于死板,且制修订速度严重滞后,无法满足新产品开发的需求。而另一类随着我国纺织品国际贸易的逐渐扩大而发展起来的贸易型产品标准,则是根据产品的最终用途而制定的标准。这类按国际惯例建立的标准主要从最终产品的消费需求出发,以满足用户的需求为前提,采用协商为主的办法,确立供需双方对产品的考核和验收指标。

2. 基础标准、产品标准与方法标准　我国纺织品标准一般分为基础标准、产品标准和方法标准。

(1)基础标准。纺织基础标准的范围包括各类纺织品及纺织制品的有关名词术语、图形、符号、代号及通用性法则等内容。例如:GB/T 3291—1997《纺织材料性能和试验术语》,GB/T 8685—1988《纺织品和服装使用说明的图形符号》,GB 9994—1988《纺织材料公定回潮率》等。我国纺织标准中基础标准较少,多数为产品标准和检测、试验方法标准。

(2)产品标准。纺织产品标准主要涉及纺织产品的品种、规格、技术性能、试验方法、检验规则、包装、储藏、运输等各项技术规定。例如,GB/T 15551—1995《桑蚕丝织物》,GB/T 15552—1995《丝织物试验方法》,GB/T 15553—1995《丝织物验收规则》,GB/T 15554—1995《丝织物包装和标志》等。

(3)检测和试验方法标准。检测和试验方法标准是对产品性能、质量的检测和试验方法的规定。其内容包括检测和试验的类别、原理、抽样、取样、操作、精度要求等方面的规定;对使用的仪器、设备、条件、方法、步骤、数据分析、结果的计算、评定、合格标准、复验规则等的规定。例如:GB/T 4666—1995《机织物长度的测定》,GB/T 4667—1995《机织物幅宽的测定》,GB/T 4802—1997《织物起毛起球试验马丁代尔法》等。检测和试验方法标准可以专门单列为一项标准,也可以包含在产品标准中,作为技术内容的一部分。如织物耐色牢度试验、纱线捻度试验、织物燃烧性测试、混纺产品定量测试方法等。

3. 我国纺织标准的表现形式　纺织标准的表现形式主要有两种:一种是仅以文字形式表达的标准,即"标准文件";另一种是以实物标准为主,并附有文字说明的标准,即"标准样品",简称"标样"。标准样品是由指定机构,按一定技术要求制作的实物样品或样照,它同样是重要的纺织品质量检验依据,可供检验外观、规格等对照、判别之用。例如,棉花分级标样,生丝均匀、清洁和洁净样照,羊毛标样,起毛起球评级样照,色牢度评定用变色和沾色分级卡等都是评定纺织品质量的客观标准,是重要的检验依据。

(三)国外纺织品标准

目前,纺织和服装行业在国际上常用的标准有 14 个,包括中国纺织标准(GB、FZ 等)、美国材料与试验协会标准(ASTM)、美国染化工作者协会标准(AATCC)、国际标准(ISO)、欧盟标准(EN)、英国国际标准(BS)、日本国家标准(JIS)、德国国家标准(DIN)、法国国家标准(NF)、国际羊毛局标准(IWS)、俄罗斯国家标准(TOCT)、国际生态纺织品标准(Oeko - Tex)、国际化学纤维标准化局标准(BISFA)、欧洲用即弃及非织造产品协会标准(EDANA)。

在 TBT 协议中,对于标准的制定、采用和实施,要求应由成员方保证其中央政府标准化机构接受并遵守"关于标准的制定、采用和实施的良好行为规范,标准的制定、通过和执行的原则也必须满足合理性、统一性",其中包括按产品的性能要求阐述标准的要求,以不给国际贸易带来阻碍。在技术法规和标准的关系上,TBT 协议指出,在需要制定技术法规并且有关的国际标准已经存在或制定工作即将完成时,各成员应使用这些国际标准或有关部分作为制定技术法规的基础。为尽可能统一技术法规,在相应的国际化机构就各成员方已采用或准备采用的技术法规所涉及的产品制定国际标准时,各成员方应在力所能及的范围内充分参与。

目前,国际纺织品市场是由西欧、北美和亚洲三大市场决定的。西欧市场以欧盟为主体,其内部组织较为紧密。西欧是经济发达地区,大多属高消费国家,对产品质量、款式要求很高,该地区的纺织品在很大程度上引导着世界潮流。北美市场是当今世界上最大的纺织品和服装进口市场,其市场的主体是美国。亚洲是目前世界纺织品的主要产地和输出地,其本身也是一个纺织品和服装的消费市场。与西欧和北美相比,亚洲除东盟外,其他国家仍是一个松散的经济联合体。因此,欧盟和美国的纺织品标准在世界纺织品标准中占有较大份额。

1. 美国标准 美国纺织品的品质测试标准主要有:AATCC 标准、ASTM 标准、CPSC(美国联邦消费品安全委员会)标准、FTC 强制性标准(美国联邦贸易委员会)和 ANSI(美国国家标准学会)标准。

AATCC 成立于 1921 年,经过多年的发展,已由一个地区性标准化机构发展成为当今纺织领域内具有国际权威的标准化组织。AATCC 在美国北卡罗来纳州设立自己的实验室,配备先进的仪器设施,专门用于制定和改进试验方法标准的研究。AATCC 对已颁布的标准不断进行修订,以保证标准的时效性和先进性。

ASTM 成立于 1902 年,下设 38 个技术委员会,主要致力于研究和制定各种材料规范和试验方法标准。其下的 D－13 分会职责为修订关于纺织产品物理性能标准,其中包括测试方法、测试规格和测试要求。ASTM 标准具有最高的可靠性、完善性和市场可接受性,因而美国纺织工业界公认 ASTMS D－13 为整个纤维领域的中心组织。

美国联邦消费品安全委员会(CPSC)的主要职责是降低公众在使用消费品时可能造成的伤害和死亡的危险;发展工业自愿标准,制定和加强强制性标准等。所涉及的纺织品管理主要是针对产品的安全性能,包括设计款式和阻燃性能等方面。

美国联邦贸易委员会(FTC)属于美国政府官方机构,其职责和任务是制定贸易法规,并对违反这些法规的行为进行处罚,保护消费者利益,确保国家市场行为具有竞争性。

美国国家标准学会(ANSI)是经联邦政府授权,非营利性质的民间标准化团体。其主要职能是协调国内各机构、团体的标准化活动;审核批准美国国家标准;代表美国参加国际标准化活动;提供标准信息咨询服务;与政府机构进行合作。美国标准学会下设电工、建筑、日用品、制图、材料试验等各种技术委员会。

美国国家标准为非强制性标准,政府鼓励各组织在标准化活动中采用自愿性标准。但美国的技术法规相当完善,技术法规的基础是技术标准,被法律引用和政府部门制定的标准是强制性标准。

美国国家标准编号有两种表示方法。

(1)标准代号＋字母类号＋序号＋颁布年份,如 ANSI A58.1—1958。

(2)标准代号＋断开号＋原专业标准号＋序号＋颁布年份,如 ANSI/UL 560—1980。

此外,如果对标准的内容有补充,表示的方法是在标准序号后面加一个英文小写字母。"a"表示第一次补充,"b"表示第二次补充。如 ANSI Z21.17—1979 的第一次补充文件为 ANSIZ 21.17a—1981。

2. **欧盟标准** 欧洲标准化委员会(CEN)是欧盟按照 83/189/EEC 指令(在技术标准和法规领域提供信息的程序)正式认可的欧洲标准化组织,专门负责除电工、电信以外领域的欧洲标准化工作。CEN 的标准是 ISO 制定国际标准的重要基础,也是衡量欧盟市场上产品质量的主要依据。

CEN 标准的类型有欧洲标准(EN)、技术规范(TS)、技术报告(TR)、CEN 研讨会协议(CWA)。欧洲标准是由 CEN 技术委员会或 CEN 技术局任务小组起草,由 CEN 技术局批准的技术规范性文件。欧洲标准是 CEN 各类标准中执行力最强的一种,各国必须将欧洲标准等同转化为国家标准,并撤销相悖的国家标准。一旦某项欧洲标准立项,所有国家标准组织在没有得到技术局许可的情况下都不允许制定相同内容的国家标准,也不允许修改现有相同内容的国家标准,这种义务被称作"停止政策",以便各国将精力集中到欧洲标准的起草和协调上来。但是欧洲标准的属性是自愿性的,即对于生产商来说是自愿执行的,生产商在产品制造过程中可以不遵守欧洲标准。从这个意义上来说,欧洲标准相当于我国的推荐性标准(GB/T)。

欧洲标准化委员会有国家成员 30 多个,国家成员必须是欧盟成员或欧洲自由贸易联盟成员,能在国家层面反映所有标准相关方的意见和利益,并能协商一致。

欧洲标准的编号方式为:标准代号 + 序号。如某一标准被成员国使用,则使用双重编号。如英国使用时表示为 BS EN 71:2003,法国使用时表示为 NF EN 71:2003,联邦德国使用时表示为 DIN EN71:2003。其中,BS 表示英国标准,NF 表示法国标准,DIN 表示德国标准。

欧盟国家是生态纺织品的摇篮,生态纺织品标准更是欧盟构筑技术壁垒的有效工具。欧盟对纺织品实施了严格的保护措施,纺织品生态问题已从最早以禁用染料为代表的指标体系发展到基于整个生产、消费过程的环境管理。主要内容一般包括以下方面。

(1)禁止规定。禁止使用可以分解为致癌芳香胺或致癌的偶氮染料、其他致癌染料、会引起人体过敏的醋酸纤维染料、染色中使用的有机氯载体、防火处理及抗微生物处理助剂。

(2)限量规定。重金属、杀虫剂、甲醛、防腐剂等,在纺织品中的限量规定。

(3)色牢度等级。如耐摩擦色牢度、耐水洗色牢度、耐汗渍色牢度等。

(4)主要评价指标。可降解性、重金属指标、有机氯含量、生物毒性等。

满足相应生态标准的纺织品通常能够获得对应的纺织品环境标志。具有代表性的标志有 Eco - Label 标志、Oeko - Tex 100、Milieukeur 标志、White Swan 标志等。

3. **日本标准** JIS(Japanese Industrial Standards)是日本工业标准的代号。JIS 标准是由日本工业标准调查会制定的。日本工业标准调查会是日本官方机构,隶属于日本通产省工业技术院,主要任务是审批、发布 JIS 标准。这样的建制是由 1949 年 7 月 1 日颁布《工业标准化法》后实施的。

JIS 标准的编号较为复杂,编号包含的含义较多,包括代号、字母类号、数字类号、序号、制定日期、修订日期、确认日期。另外,还有几种常用的符号,如在编号前加 SI 表示标准采用国际单位制;在编号前加 ISO 或 IEC 表示有对应的国际标准。有些符号还表示标准的负责组织、资料的定价、对应的国家标准编号等。

JIS 标准按内容的性质分为产品标准、试验方法标准和基础标准。

日本对纺织品服装的品质非常"挑剔",日本贸易商对进入日本的纺织品服装有一套严格的产品质量标准作为审核的依据,主要有三种规范:日本工业标准(JISL)、产品责任法(P/L)、产品品质标准判定。

(1)JISL 法规(日本工业标准)。此法规规定了纺织品品质检测的各种标准及方法,有详细的安全性和机能性标准。例如:JISL 0217 条例中就对关于洗标图标、警告用语、规格尺码、组成表示和原产地等规定的内容要求都有明确说明。

(2)产品责任法(P/L 法)。产品责任法规定:因产品的制造不良而对消费者造成生命或财产损失时,该制造商应对此负责;当产品自身损坏时,对他人或物品未造成损害,则不予追究;因产品的制造或生产不良而引发的事故对消费者产生损害时,在得到证实后,制造业者应予以赔偿;设计上的问题,制造过程中的问题,标示不清问题,如因尚未注明注意事项及警告用语提醒消费者而造成消费者对此产品不了解所造成的伤害,制造商应予以赔偿。

(3)产品质量标准判定。在质量标准方面,一般会针对各类纺织品或服饰品,分别从物理性质、染色牢度、产品规格、安全性(药剂残留等)、产品外观、缝制等几个方面对其进行检测。

日本商社或公司从中国进口纺织服饰品时,都会订立一整套的质量检测标准,而要求生产商于指定的质量检测机构(如检品公司)取得合格认证或授权,才允许在日本境内上市销售。

日本还有多种纺织纤维和服装的标志。Q 标志(quality)是日本的优质产品标志;SIF 标志(财团法人/缝制品检查协会)是对优秀制品认可和推荐的标志。

(四)我国纺织服装标准与国际标准的接轨情况及差距

截至 2015 年,我国纺织服装类标准 1000 多个,与之相关的 ISO 标准 300 多个,AATCC 标准 100 多个,ASTM 标准 300 多个,JIS 标准 200 多个。对国际标准的采标率,国内平均水平约为 44%,而纺织品的采标率达 80%。虽然我国纺织服装标准已成规模,但在实践中仍然与国际标准存在着一些差异,主要体现在以下几个方面。

1. **形成的标准体系不同**　ISO 或其他国家的纺织标准,主要内容是基础类标准,重在统一术语、试验方法、评定手段,使各方提供的数据具有可比性和通用性,形成的是以基础标准为主体,再加上以最终用途产品配套的相关产品标准的标准体系,在产品标准中仅规定产品的性能指标和引用的试验方法标准。对大量的产品而言,国外是没有国家标准的,主要由企业根据产品的用途或购货方给予的价格,与购货方在合同或协议中规定产品的规格、性能指标、检验规则、包装等内容。我国现行的纺织产品标准有不少是计划经济体制时的产物,形成的标准体系以原料或工艺划分的产品标准为主,目前主要分为棉纺织印染、毛纺织、麻纺织、丝绸、针织、线带、化纤、色织等,标准中除性能指标外,还包括出厂检验、型式检验、复验等检验规则的内容,形成了各类原料产品"纱线—本色布—印染布"的标准链。近年来也有以用途制定标准,但所占比例极小,如 GB/T 18863—2002《免烫纺织品》、FZ/T 64010—2000《远红外纺织品》等。

2. **标准发挥的职能不同**　国外将国家公开的标准作为交货、验收的技术依据,从指导用户购买产品的角度和需要来制定,人们称作贸易型标准。企业标准才是作为组织生产的技术依据,这种贸易型标准的技术内容规定得比较简明、笼统、灵活。与之相反,我国大多数产品标准的职能是用以组织生产的依据,从指导企业生产角度的需要来确定,人们称作生产型标准,为了便于企业生产,标准在技术内容方面,一般都规定得比较具体、详细、死板。随着市场经济的发展,纺织产品的新品种不断涌现,决定了简明灵活的贸易型标准更能符合市场的需要。我国的生产型标准范围较窄,覆盖的产品种类较少,造成标准的数量不少,但仍跟不上产品的发展速度。

3. 标准的水平有差距 由于标准的职能不同,标准技术内容也不同,如在考核项目的设置、性能指标的水平等均有一定的差距。国外根据最终用途制定的面料标准,考核项目更接近于服用实际,如耐磨、防火、洗后外观、接缝强力、透气性等。我国大多数的面料标准还缺少诸如此类的考核指标,不能适应人们对服用产品舒适美观性的要求,对服装的考核主要侧重服装的规格偏差、色差、缝制、疵点等外观质量,判定产品等级时忽略了构成服装的主要元素——面料和里料。我国按生产型标准理念制定的标准,不能适用贸易关系超出生产方和购货方这种情况,例如,按染料类别和工艺制定不同的色牢度等级,在贸易交货验收中确定考核依据较为困难。翻开产品标准,为数不少的标准文本中写有"优等品相当于国际先进水平,一等品相当于国际一般水平"等,实际上仅是个别单项指标水平达到国际水平,但综合性能达不到;还有个别标为采标的标准,其内容与国外标准也有较大差距。

4. 标准产生的作用不同 随着国际间贸易壁垒逐渐减小,各国都在借助 TBT 有关条款规定,制造技术壁垒,而制造技术壁垒的有效途径就是法规和标准。随着传统非关税壁垒限制作用的减弱,发达国家借助其先进技术,制造技术标准壁垒,控制进口。大多技术标准的控制权掌握在欧、美、日等发达国家和地区手中,我国产品标准被国际有关机构认可转化为国际标准的很少,仍处于被动接受状态,不能像发达国家一样充分利用本国标准,保护本国贸易及有效监督进口产品质量。

在促进与国际标准接轨的问题上,应积极参与国际标准化组织的活动,促进我国服装标准化工作的国际化,同时要按照国家标准化管理委员会的要求,积极推进采用国际标准的工作。根据我国的国情,有选择地将国外的一些先进的技术要求融入我国的标准中,使我国服装行业的技术标准与国际标准相对一致,便于我国服装行业与国际同行之间的技术交流,有利于推动我国服装标准化工作的管理与开展,这样既能体现我国服装标准的自主性,促进我国服装民族品牌的健康发展,又能充分汲取国外的先进经验和技术,以此来推动我国服装生产工艺升级换代,提高服装产品的质量水平。

另外,要多参加国际实验室比对和能力验证活动。能力验证是利用实验室间比对来确定和评价实验室能力的活动,与同级或上级有资质的实验室进行比对和国际检验机构进行比对,帮助提高实验测试结果的可靠性,这是保证技术质量和结果准确的重要方式,也是国际间实验、标准交流的重要手段之一。

项目三 试验用标准大气及数值修约

纺织材料大多具有一定的吸湿性,其吸湿量的大小主要取决于纤维的内部结构,如亲水性基团的极性与数量、无定形区的比例、孔洞缝隙的多少、伴生物杂质等,而大气条件(温度、相对湿度、大气压力)对吸湿量也有一定影响。即使纤维的品种相同,但大气条件的波动引起吸湿量的增减也会使纤维的力学性能产生变化,如重量、强力、伸长、刚度、电学性质、表面摩擦性等性质。为了使测得的纺织材料的性能具有可比性,必须统一规定测试时的大气条件,即标准大气条件。

此外,由于纺织材料的吸湿或放湿平衡需要一定时间,而且同样的纤维由吸湿达到的平衡回潮率往往小于由放湿达到平衡的回潮率,这种因吸湿滞后现象带来的平衡回潮率误差,同样会影响纺织材料性能的测试结果。因此,不仅要规定材料测试时的标准大气条件,而且要规定在测试之前,试样必须在标准大气下放置一定时间,使其由吸湿达到平衡回潮率,这个过程称为调湿处理。

如果纺织材料在调湿前的实际回潮率较高(接近或高于标准大气的平衡回潮率),则试样还须进行预调湿处理,即在低温下烘一定时间,降低其实际回潮率,以确保调湿以吸湿方式进行。

国际标准及我国标准中都明确规定了各类纺织材料的预调湿、调湿及测试用的标准大气条件。

一、标准大气

国际标准中规定的标准大气条件:温度为20℃(热带为27℃),相对湿度为65%,大气压力为86~106kPa,视各国地理环境而定。我国国家标准中规定的标准大气条件为:大气压力为1个标准大气压,即101.3kPa(760mm 汞柱),温、湿度及其波动范围如下。

(1)一级标准。温度20℃±2℃,相对湿度65%±2%。

(2)二级标准。温度20℃±2℃,相对湿度65%±3%。

(3)三级标准。温度20℃±2℃,相对湿度65%±5%。

温带标准大气与热带标准大气的差异在于温度,前者为20℃,后者为27℃,其他条件均相同。

二、调湿

在测定纺织品的物理或力学性能之前,应将其放置于标准大气下进行调湿。调湿期间,应使空气能畅通地流过该纺织品,直至与空气达到平衡,可用下述方法验证:将自由暴露于上述条件的流动空气中的纺织品,每隔2h连续称重,当质量(重量)的递变量不超过0.25%时,可认为达到平衡状态。或者,每隔30min连续称重,当其质量(重量)递变量不超过0.1%时,也可认为达到平衡状态。遇有争议时,以前者为准。通常调湿24h以上即可,合成纤维调湿4h以上即可。调湿过程不能间断,若因故间断,必须重新按规定调湿。

三、预调湿

当试样比较潮湿时(实际回潮率大于公定回潮率),为了确保试样能在吸湿状态下达到调湿平衡,需要进行预调湿。为此,将试样放置于相对湿度为10%~25%,温度不超过50℃的大气下,使之接近平衡。

以上大气条件的获得,可以通过把相对湿度为65%、温度为20℃的空气加热至50℃,或者把相对湿度为65%、温度为27℃的空气加热至50℃。

经过预调湿处理的试样置于标准大气条件下,就可由吸湿状态达到调湿平衡。

四、测试时的标准大气

除特殊情况外(例如,湿态试验),纺织材料力学性能的测试应按实验用温带标准大气的规定。在热带或亚热带地域,可采用实验用热带标准大气。

仲裁性实验应采用实验用温带标准大气的一级标准。常规检验可用二级标准大气或三级标准大气,视纺织材料种类和测试要求而定。

五、数值修约

在实际检验时的数据处理中,需要对有效数字位数之后的数字进行修约。数字修约及有效位数的保留,应按国家标准 GB 8170—1987《数值修约规则》进行。修约规则可简单归纳为"四舍六入五凑偶",即如果要修约的数字小于 5 则舍去,大于 5 则进 1,等于 5 时,把尾数凑成偶数。

例如,12.1498 修约到一位小数,得 12.1;修约到两位有效位数,得 12。

1268 修约到百位数,得 13×10^2;修约成三位有效位数,得 127×10

在修约时应该注意以下两点。

(1)负数修约时,先对其绝对值进行修约,再在修约前面加上负号。

(2)修约要一次完成,而不能多次连续修约。如对 15.4546 按修约间隔为 1 进行修约的正确做法是:15.4546→15。下面的多次连续修约是不正确的:15.4546→15.455→15.46→15.5→16。

项目四　ISO 质量论证体系介绍

任务一　ISO 9000 系列介绍

一、ISO(国际标准化组织)

ISO(全称:International Organization for Standardization,国际标准化组织)是世界上最大的国际标准化组织,负责除电工、电子领域之外的所有其他领域的标准化活动。

二、ISO 9000 族标准的产生

ISO 9000 族质量管理体系国际标准,是运用目前先进的管理理念,以简明标准的形式推出的实用管理模式,是当代世界质量管理领域的成功经验的总结。

世界最早的质量保证标准是 20 世纪 50 年代末,在采购军用物资过程中,美国颁布的MIL–Q–9858A《质量大纲要求》。20 世纪 70 年代,美、英、法、加拿大等国先后颁发了一系列质量管理和保证方面的标准。为了统一各国质量管理活动,同时持续完善提供产品的组织的质量管理体系,国际标准化组织(ISO)1979 年成立了质量管理和质量保证技术委员会。1986~1987 年,ISO 发布了 ISO 9000 系列标准,它包括 6 项标准:ISO 8402《质量　术语》标准,ISO 9000《质量管理和质量保证标准　选择和使用指南》,ISO 9001《质量体系　设计开发、生产、安装和服务的质量保证模式》,ISO 9002《质量体系　生产和安装的质量保证模式》,ISO 9003《质量体系　最终检验和试验的质量保证模式》,ISO 9004《质量管理和质量体系要素　指南》。目前,已经有 150 多个国家和地区将 ISO 9000 标准等同采用为国家标准。

三、ISO 9000 族标准在中国的发展

1987 年 3 月 ISO 9000 系列标准正式发布以后,我国在原国家标准局部署下组成了"全国质

量保证标准化特别工作组"。1988 年 12 月，我国正式发布了等效采用 ISO 9000 标准的 GB/T 10300《质量管理和质量保证》系列国家标准，并于 1989 年 8 月 1 日起在全国实施。

中国在等同采用 ISO 9000 标准时，是由 GB/T 19000 族标准表述的。以过程为基础的质量管理体系模式如图 1-1 所示。该图表明，在向组织提供输入方面相关方起重要作用。监视相关方满意程度需要评价有关相关方感受的信息，这种信息可以表明其需求和期望已得到满足的程度。

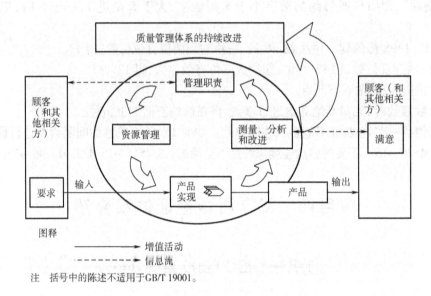

注 括号中的陈述不适用于GB/T 19001。

图 1-1 以过程为基础的质量管理体系模式

四、ISO 9000 族标准的内容

一般地讲，组织活动由三方面组成：经营、管理和开发。在管理上又主要表现为行政管理、财务管理、质量管理等。ISO 9000 族标准主要针对质量管理，同时涵盖了部分行政管理和财务管理的范畴。

五、ISO 9000 认证的流程

随着 ISO 9000 系列标准的广泛应用，以 ISO 9000 为基础的第三方质量体系认证得到迅速发展，使得贯彻标准和获取质量认证成为市场竞争的重要手段之一。认证的流程包括以下内容：受理企业有关 ISO 9000 质量体系认证的咨询申请，帮助企业宣传动员、培训、建立质量体系；指导企业编写质量手册、程序文件；指导运行；指导参与内审；指导修改质量体系文件；直至企业获得认证证书。

企业质量体系认证咨询内容如下。

(一)目标

通过双方共同努力、积极协作，在合同期内，使企业按 ISO 9000（包括 QS 9000、ISO 14000、VDA 6.1）标准的要求，建立健全管理体系，规范企业的管理运作，提高管理水平，并通过第三方管理体系认证，获得管理体系认证证书。

（二）内容

咨询机构依据选定标准的有关要求,结合企业的实际情况,指导企业建立健全质量体系,包括内容如下。

（1）为企业提供 ISO 9000 标准基本知识培训、质量体系文件编写培训以及内部质量体系审核员培训。

（2）指派专家对企业的管理运作进行调研,确定质量体系框架,进行总体策划。

（3）指导企业编写质量手册及质量体系程序,并进行审改。

（4）指导企业完善质量体系相关文件,保证质量体系的协调性和有效性。

（5）指导并参加企业进行内部质量体系审核,提出问题和改进建议。

（6）对企业的质量体系进行符合性审核,提出符合性审核报告。

（7）协助企业选择权威的质量体系认证机构。

（三）步骤

咨询项目共分四个阶段进行。

（1）派专家到企业了解基本情况,提供基础培训,经充分协商制定认证咨询工作计划。

（2）制定质量手册和质量体系程序文件的编写要点,指导企业编写手册和程序文件并进行审改。

（3）指导企业有效实施质量体系文件,指导并参与内部质量体系审核,指出问题,提出改进建议。

（4）对企业的质量体系进行符合性审核,指导企业申请第三方质量体系认证。

（四）配合

（1）企业应按咨询机构要求提供适宜的资源。

（2）企业应以提高自身管理运作为出发点对待质量体系认证工作。

（3）企业各级人员应通力配合咨询机构的咨询活动。

（4）在咨询过程中,企业不宜对组织机构和管理模式进行重大调整。

（5）双方严格执行经充分协商的认证咨询工作计划。

（五）保密要求

（1）双方应严格保守各自及对方的经营和技术秘密。

（2）咨询人员必须对企业的经营和技术文件保密,用后立即归还。

（3）咨询合同终止后,保密要求仍然有效。

（六）时间

3～4 个月,并视企业规模、基础和配合情况确定。

任务二　ISO 14000 标准介绍

ISO 14000 环境管理系列标准是国际标准化组织（ISO）继 ISO 9000 标准之后推出的又一个管理标准。该标准是由 ISO/TC 207 的环境管理技术委员会制定,有 14001～14100 共 100 个号,统称为 ISO 14000 系列标准。

一、标准分类

ISO 14000 作为一个多标准组合系统,有不同的分类方法。

(一)按标准性质分

(1)基础标准——术语标准。

(2)基础标准——环境管理体系、规范、原则、应用指南。

(3)支持技术类标准(工具)。包括环境审核、环境标志、环境行为评价、生命周期评估。

(二)按标准的功能分

(1)评价组织。包括环境管理体系、环境行为评价、环境审核。

(2)评价产品。包括生命周期评估、环境标志、产品标准中的环境指标。

二、ISO 14001 认证证书介绍

ISO 14001 认证证书内容如下。

(1)认证机构的标志。举例:北京航协认证中心的标志。

(2)认证机构名称。

(3)所颁发证书的体系类型。

(4)本证书的注册号。企业上网查询证书有效性时可以使用注册号。

(5)获证企业名称。

(6)获证企业地址、邮编。

(7)适用的标准。

(8)获证企业的体系覆盖范围。

(9)本证书的有效期(证书有效期为三年)。

(10)每年的监督审核标签粘贴处,只有每年接受监督审核,并获得监督审核激光标志,才能确保证书有效。如果超过 12 个月,此证书将被暂停使用。

(11)认证机构签章。即现任北京航协认证中心主任签名及公章。

(12)CNAS。CNAS 是中国合格评定国家认可委员会,034 – E:北京航协认证中心属于中国合格评定国家认可委员会批准认可的第三方认证机构,机构代号为 034,"E"代表环境管理体系。

(13)IAF。IAF 是国际认可论坛的缩写,北京航协认证中心可颁发具有 IAF – MLA/CNAS 国际互认联合标识的认证证书。此证书在加入了 IAF 的国家都可以通用。

三、ISO 9000 与 ISO 14000 的关系

ISO 9000 质量体系认证标准与 ISO 14000 环境管理体系标准对组织(公司、企业)的许多要求是通用的,两套标准可以结合使用。世界各国的许多企业或公司都通过了 ISO 9000 族系列标准的认证,这些企业或公司可以把在通过 ISO 9000 体系认证时所获得的经验运用到环境管理认证中。新版的 ISO 9000 族标准更加体现了两套标准结合使用的原则,使 ISO 9000 族标准与 ISO 14000 系列标准联系更为紧密。

模块二　常用纤维质量标准与检测

项目一　棉纤维质量标准与检测

一、任务引入

棉花是纺织工业的重要原料,在国民经济中占有重要的地位,棉花按品种不同分为细绒棉和长绒棉,按初加工方法不同可分为锯齿棉和皮辊棉。细绒棉为陆地棉,占世界总产量的85%。色洁白或乳白,有丝光,是目前我国主要栽种的棉种。本任务主要是检测细绒棉经轧花后的质量检测,参考标准是 GB 1103—2012。

二、名词及术语

1. **主体品级**　按批检验时,占80%及以上的品级,其余品级仅与其相邻。
2. **毛重**　棉花及其包装物重量之和。
3. **净重**　毛重扣减包装物重量后的重量。
4. **准重**　净重按棉花实际含杂率折算成标准含杂率后的重量。
5. **公定重量**　准重按棉花实际回潮率折算成公定回潮率后的重量。
6. **籽棉准重衣分率**　从籽棉上轧出的皮棉准重占相应籽棉重量的百分率。
7. **籽棉公定衣分率**　从籽棉上轧出的皮棉公定重量占相应籽棉重量的百分率。
8. **异性纤维**　混入棉花中的非棉纤维和非本色棉纤维,如化学纤维、毛发、丝、麻、塑料膜、塑料绳、染色线(绳、布块)等。
9. **成包皮棉异性纤维含量**　成包皮棉异性纤维含量是指从样品中挑拣出的异性纤维的重量与被挑拣样品重量之比,用克/吨(g/t)表示。
10. **危害性杂物**　混入棉花中的硬杂物和软杂物,如金属、砖石及异性纤维等。
11. **色特征级**　依据棉花色特征划分的级别。棉花样品的反射率(Rd)和黄色深度($+b$)测试值在棉花色特征图上的位置所对应的级别。
12. **上半部平均长度及平均长度**

(1)上半部平均长度前定义:测试棉纤维长度时,重量占纤维束一半的较长纤维部分的根数的平均长度。上半部平均长度现定义:在照影曲线图中,从纤维数量50%处作照影曲线的切线,切线与长度坐标轴相交点所显示的长度值。

(2)平均长度前定义:在棉花试验试样中全部纤维根数的平均长度。平均长度现定义:在照影曲线图中,从纤维数量100%处作照影曲线的切线,切线与长度坐标轴相交点所显示的长度值。

现定义是对两个长度实际测试过程的描述,前定义是其物理含义的解释,并无矛盾。

根据国内外相关研究结果,上半部平均长度和手扯长度有很好的相关性,但目前没有定量换算公式。目前国际上通常使用上半部平均长度进行棉花贸易和棉包管理。

13. 短纤维指数 国际上采用的是长度短于12.7mm的纤维重量占纤维总重量的百分率作为短纤维指数;我国一直采用的是16mm作为棉短绒的长度界限,而HVI系统给出的短纤维指数是以12.7mm为棉短绒长度界限的,在数据参考使用时应注意区分。

根据HVI技术材料,HVI提供的短纤维指数是依据照影曲线图中包含的绝大部分短纤维分布的信息,参考与梳片法短纤维率的关系推算得出。同时,因为在使用HVI仪器测量长度/强度时,假设前提为所有样品中纤维的线密度是一样的,所以可以根据以根数为基础的纤维照影图计算出以重量为基础的短纤维指数。

14. 断裂比强度 断裂比强度是指束纤维受到拉伸直至断裂时,所显示出来的每单位线密度所受的力。它是棉纤维的重要品质指标之一,与棉纤维的成熟度、细度等指标有着密切的关系。

根据乌斯特提供的信息,HVI通过等速伸长法(CRE)得到断裂比强度,不同于斯特洛和卜氏束纤维强力仪测试时采用的等速加负荷法(CRL)。因此,HVI测得的断裂比强度和斯特洛仪及卜氏仪测得的强度没有可比性,但从绝对数值上较接近卜氏仪法水平。

15. 断裂伸长率 表明纤维在断裂时伸长程度的指标。是指纤维在外力的作下,到断裂时所增加的长度与未拉伸前长度的百分比。

16. 马克隆值 马克隆是英文Micronaire的音译,指在特定条件下,一团棉花的透气性的度量。棉纤维的马克隆值是纤维细度和成熟度的综合反映,成熟度不同,不仅会引起纤维性能的变化,而且对成纱工艺、质量及织物质量也会产生很大的影响,棉纤维的马克隆值可作为评价棉纤维内在品质的一个综合指标,直接影响纤维的色泽、强力、细度、天然性、弹性、吸湿、染色等。

图2-1 HVI大容量棉花纤维测试仪

三、检测仪器与工具

大容量棉花纤维测试仪(图2-1)是一种快速、大容量、多指标的棉花纤维性能综合测试仪器。它可以对棉纤维的长度、强伸度、成熟度、色泽、杂质、回潮率等指标进行测试。

四、任务实施

(一)分级准备

1. 环境条件 分级实验室及样品平衡室应保持如下温湿度度条件:

温度:(20 ± 2)℃;相对湿度:(65 ± 3)%。

使用阿斯曼湿度仪及毛发温湿度计对试验室温、湿度进行连续监视、记录。

如果温湿度超过允许范围,分级必须停止。仪器管理人员需调试或检修空调系统,直至环境重新满足条件要求。这种情况发生时,测试恢复前样品必须达到平衡回潮率。

2. 样品 每个棉花样品由两部分组成。每部分约长260mm、宽124mm或105mm,重量不少于125g。两部分中间应卷入标有样品编号的纤维条形码标。

3. 样品平衡 棉花样品在测试前必须采用吸湿平衡方式达到标准温湿条件下的平衡回潮率。使用快速棉花水分测定仪对棉花进行测试。如样品回潮率超过6.5%,应对样品进行预调湿处理,随后进行吸湿平衡。样品应完全露在实验室大气的情况下调湿。

棉样调湿时,应单层放置在底部有孔的样品盒内,以便空气流动。样品应在标准大气条件下平衡24h,平衡后的样品回潮率应在6.5%~8.8%。若回潮率没有达到要求的区间,应检查实验室大气是否符合环境条件要求,在确认环境条件符合要求的情况下,再将样品平衡4h,即可进行测试。

4. 压缩空气 开启空气压缩机及冷干机电源,气压稳定后压力应为0.7~1.0MPa。气路进入HVI入口处的气压为100~110psi(0.7~1.0MPa)。

5. 电源 将不间断电源(UPS)与市电接通,开启UPS并确认UPS为电池电状态。遇周期警报声或蜂鸣器长鸣、故障灯亮,请通知仪器维修人员,检查仪器电源插头是否可靠连接。

6. 校准

(1)校准允差。目前HVI长/强校准允差参考美国农业部HVI测试方法拟定,马克隆、颜色及杂质允差为仪器默认。

(2)标准物质。

①HVI长/强校准棉花。HVI长/强校准棉花的短纤维指数、断裂伸长率因样品离散性大等原因没有标准值,现有标准值是乌斯特公司通过大量实验得出的统计经验值,16mm短纤维指数短/弱棉样为24.5,长/强棉样为12.2;断裂伸长率短/弱棉样为6.4%左右,长/强棉样为5.9%左右。以上经验值适用于HVI 900及HVI 1000仪器。

②HVI马克隆校准棉花。目前,对于HVI马克隆校准棉花没有明确的使用方法,但根据经验,校准棉花在使用若干次后会成球打结,这样测试时较难扯松,再利用其进行校准或校准检查,测试值容易出现偏差,需更换新的校准棉花。通常在每次校准和校准检查前,将校准棉花扯松,然后将棉花放入马克隆测试腔体,使棉花均匀分布在腔体内。

③HVI颜色及杂质校准板。同一类型仪器之间色板可以成套互换使用,但切忌将不同套的色板混套使用。一般来讲,每台HVI应使用随机配置的颜色和杂质板进行校准。

7. 校准方法

(1)长强棉花校准。长度、强度指标校准采用了一元线性回归分析的方法。利用短/弱及长/强两种HVI校准棉花进行校准,每种棉花重复测试12次,测试值通过原斜率和截距计算出长度、强度及整齐度结果。与标准值比较,若结果在均值及范围允差之内,则斜率截距保持不变;若某测试结果不在均值或范围允差之内,则更新相应的斜率截距,并利用新斜率截距重新计算短/弱及长/强校准棉花原12次测试值中的6次,若重新计算的12个结果都在均值及范围允差之内,则校准通过,否则校准失败。

从长/强棉花校准方法可以看出,长/强棉花校准通过的关键在于数据的重复性,数据标准差越小,校准通过的概率越大。实验室环境,校准棉花,仪器机械、电子等方面的因素都可能造成数据标准差偏大,此时需查明原因并采取相应措施。

(2)马克隆棉花校准。马克隆棉花校准同样采用了一元线性回归分析的方法。利用高/低马克隆两种HVI校准棉花进行校准,与长/强棉花校准不同的是,每次马克隆棉花校准后均更新斜率截距;此外,马克隆校准采用了斜率截距允差。马克隆测试回归参数的默认值是通过乌斯特公司的马克隆标准模型得出的,对于HVI AUTOMATIC CLASSING(即HVI 900),斜率为

-0.365152,截距为 4.229 967;对于 HVI 1000,斜率为 -0.5822,截距为 4.23。马克隆棉花斜率截距校准允差 HVI 1000 和 HVI 900 不尽相同,是由于 HVI 1000 和 HVI 900 使用的马克隆压差测量传感器的外加电压不同造成的。

马克隆棉花校准时,若新的斜率截距在默认值的允差范围内,则校准通过且说明此 HVI 马克隆测试装置与原厂马克隆标准模型基本一致,从而保证了数据的再现性。因此,若马克隆棉花校准反复失败,在排除棉花、气压等因素后,需对马克隆测试腔体进行调整。

(3)颜色校准。对于 HVI 1000 及 HVI 900,颜色校准的方法和步骤是一样的,并且回归方程有相同的格式。

(4)杂质校准。在 HVI 1000 中进行杂质校准时,有时会在测试窗口上放置白色瓷板和杂质校准板,这是因为 HVI 1000 的杂质校准使用了迭代法。目前的 HVI 900 软件中杂质校准没有使用迭代法,但在即将发布的软件中会进行修改。

8. 校准检查　"校准检查"和"校准"是两个容易混淆的概念。

校准检查是通过测试标准物质检查仪器测试数据是否与标准物质标准值相符,如不符合,需对仪器进行校准。校准检查可以起到监测仪器运行状态的作用,一旦发现偏差,即进行校准,使测试值与标准物质标准值吻合,既避免了不必要的校准,又可以使仪器始终保持在正常状态。校准检查不更新仪器校准参数,目前通过模块测试功能完成。

校准是通过测试标准物质得出相应修正系数从而使仪器测试结果与标准值一致的过程。校准更新仪器校准参数通过校准菜单完成。

9. 其他　仪器应按照"L"形式放置,由一名操作员操作。

(二)操作程序

(1)打开 HVI 1000 两个机箱箱门,按下长强箱体内电源箱前面板上的主开关(下位),然后按下电路开关(上位),打开显示器及打印机,最后按下计算机上的启动开关。

(2)计算机启动后,双击屏幕桌面上 HVI 1000 图标,随后 HVI 1000 软件启动,此时仪器各部位进行自检。若出现错误对话框,不能正常进入"主菜单"窗口,需重新启动仪器,如仍不能正常进入"主菜单",需通知仪器维修人员。仪器开启后预热 10min,然后系统测试中测试任意业务样品至少五个,使仪器各部位达到测试状态,即可进行校准检查、校准、测试等操作。

(三)测试程序

以下测试程序按 HVI 1000 Windows 软件 2.0.0.62 版本编写,若后续软件有修改,以最新软件版本为准进行测试。

(1)点击"参数设置"按钮进入参数设置菜单,按以下要求设置参数。

马克隆最低试样质量:9.5g;

马克隆最高试样质量:10.5g。

HVI 编号填入 1~999 任意整数即可。

点击下方"修改常数、批限、重测限……"按钮进入重测设置界面。右侧各测试项目按下列要求填入允差:长度 = 0.06、整齐度 = 5、强度 = 4.0、$Rd = 7.0$、$+b = 2.0$。杂质面积及杂质粒数没有重测允差要求,填入任意宽限数值即可,如杂质面积 100,杂质粒数 100,其他未提及项目保持不变。

(2)点击"系统测试"按钮进入系统测试参数设置菜单,按以下要求设置参数。

检查包号前面打√

包号位数:32

输入品级:否

重测:是

批样限值:否

试样废弃:否

长度单位/短纤维定义:公制(mm)/中国(16.5mm)

棉花类型:中国色征图

测试结果:外部主机和本地磁盘(平均)

测试结果输出方式:TCP/IP

服务器端口:4040

颜色/杂质测试次数:2

长度/强度测试次数:2

测试方式选择正常测试。

IP 地址或服务器名填写实验室服务器 IP 地址,其他未提及项目保持不变。

系统设置菜单下方为各模块最近一次校准时间及结果。若有模块为失败,需对其校准直至所有模块均通过后才可进行系统测试。

点击"样品计数器清零"按钮可将测试样品个数重置为零。

点击"清空重测样品编号文件"可将重测样品个数重置为零,重测样品列表同时清空。

(3)点击"开始测试"按钮进入系统测试窗口,按如下方法测试。

①输入包号。通过键盘或读码器输入样品编号。条码向上将棉包标签放在读码器下方适当位置,直至听到提示音且条码已读入包号框中。

②测试马克隆值。检查配置电子天平水平并清零,将试样适当扯松并去除其中明显的大块非纤维物质,称取测试样品 9.5 ~ 10.5g,此时软件会有提示音。将称得样品用两手食指按入马克隆测试腔,以保证腔体内的棉花尽可能分布均匀,关闭腔盖,仪器开始测试。测试完毕,腔门打开,样品弹出。测试值显示于测试结果列表马克隆值右边。

注意:样品在称重时不应接触天平外罩,天平及位于马克隆箱体内左侧的气压传感器附近不应有较强的气流。在称取样品时,当计算机屏幕显示重量与天平显示重量一致时,要从托盘上轻拿样品,以保证电脑重量示数不发生变化。测试时还应注意马克隆样品应全部放入测试腔内,不要遗在外面。注意同一样品测试超过三次需要更换新样品再进行测试。

③测试颜色杂质。将样品的两个子样内表面向下分别放在两个颜色测试托盘内,两子样厚度均匀且不小于5cm,样品应覆盖住整个测试窗口使氙灯照射时不能透光。轻触"颜色/杂质测试"按钮。样品托盘运动到测试窗下,压头压下去除棉样中的空气,同时测得颜色反射率、黄度或杂质粒数、杂质面积百分率,并计算出颜色和杂质等级。

两次测试的平均值显示在测试结果列表中。测试结束,样品托盘及压头回到初始位置。

④测试长度/强度。从两子样分别取出 8 ~ 12g 棉花放入取样器,轻触"长度/强度测试"按钮。取样器门关闭后,取样器转动,棉样经梳夹取样,针布及毛刷梳理,进入长强测量台测量出平均长度、上半部平均长度、短纤维指数、断裂伸长率、强度、长度整齐度指数、成熟度。测试后棉束被吸入真空箱内。两次长度/强度测试的平均值显示在测试结果列表中。测试结束,取样器、梳夹、毛刷、测量台回到原位置准备下一次测试。

注意:避免从棉样的切断面和表面取样,切断面和表面上的棉花应先予以剥离再进行取样。样品与取样器接触的一面应适当开松。测试纤维长度较长的棉花或测试中经常出现大样品(光学量偏大)时,可通过在取样器中放入较少的样品或将样品放在取样器底部使其与较少的取样孔接触来解决;测试纤维长度较短的棉花或测试中经常出现小样品(光学量偏小)时,可通过在取样器中放入较多的样品或使样品在取样器中与较多的取样孔接触来解决。若仍反复出现"大样品"或"小样品"的提示,操作人员需通知仪器维修人员。

⑤其他说明。测试过程中,各模块测试可同时进行。根据各模块测试时间上的差异,建议首先测试长强,再次测试马克隆值,最后测试杂色。但对于2005年出厂的HVI 1000型仪器,颜色头运动时马克隆箱盖上下晃动比较明显并影响天平读数,因此,天平读数和颜色测试不要同时进行。

某样品测试后若某指标结果右侧显示为"双面色",需将此样品测试完后再重新进行测试,如果指标结果右侧仍显示为"双面色",则不再测试此指标,此棉包将标记为该项指标不均匀。

测试过程中,各模块的测试状态会以色块方式显示在界面下方,当某一模块测试或功能准备就绪时,色块显示为绿色;当某一模块进行测试时,色块显示为蓝色;当某一模块测试结束或功能完成后,色块显示为红色;当一个样品全部测试完成后,所有色块显示为粉色。

测试界面右侧有各种样品个数的统计,文字框显示出需要重测样品的包号。

若暂时停止测试,可点击"关闭真空"按钮关闭真空电动机,但必须保证测试压真空电动机处于打开状态。

⑥重复上述步骤,完成各样品测试。

⑦测试过程,若仪器出现任何故障不能正常测试,操作人员通知仪器维修人员。

(四)退出测试程序

(1)点击HVI程序启动菜单的"退出"按钮,退出HVI测试程序,关闭Windows系统。

(2)关闭显示器及打印机。

(3)关闭电源箱上的电路开关。

(4)关闭电源箱上的主开关。

(5)关闭UPS电源并断开外接电源。

(6)关闭冷干机、空气压缩机电源。

(7)仪器维护。

(五)使用注意事项

(1)利用吸尘器对仪器内外进行清洁,特别是长强箱体内取样器针布(用随机的钢刷清洁)、梳夹、导轨及毛刷上的残留棉花。注意吸尘器工作时不要靠近电子件。

(2)清除真空箱内的棉花,清洁真空箱内的金属网、滤网及玻璃窗。注意过滤网的安装方向。

(3)清洁电源箱上及电脑后的风扇过滤网。

(4)检查总气路入口处过滤器是否有存水,若有,旋转过滤器底部与皮管连接处,放出存水。

(5)用软布擦拭颜色测试窗口。

除以上日常维护外,每年棉花检验季节到来前需进行一次全面的仪器维护,维护内容参照HVI服务手册,年度维护由HVI维修人员完成。

思考题

1. 细绒棉的检测标准中检测的指标有哪些,抽样原则是什么?
2. 比较细绒棉新旧标准中有哪些异同。

项目二　生丝质量标准及检测

一、任务引入

生丝又称桑蚕丝、家蚕丝,是以桑蚕茧为原料,用机械按一定的加工要求将多根茧丝依靠丝胶黏合而成。生丝分级可以为贸易提供标准重量及计价依据,为生丝的消费者提供选择的方法。生丝通过质量检验评定等级和确定每件丝的重量。检验结果供丝织厂选择原料和缫丝厂改进产品品质的依据。生丝检验采用抽样检验方法,根据部分来推断整批的品质。因此,抽取样丝的数量十分重要。生丝或柞蚕丝检验以批为单位。参考的标准是 GB/T 1797—2008。

二、名词及术语

1. 纤度　生丝纤度单位是旦尼尔,简称旦,纤度检验是用纤度丝进行的。平均纤度等于各绞样丝纤度之和除以被检验的绞数。生丝规格以"纤度下限/纤度上限"标示,其纤度中心值为名义纤度。

示例:

20/22 旦:表示生丝的名义纤度为 21 旦,生丝规格的纤度下限为 20 旦,纤度上限为 22 旦。

40/44 旦:表示生丝的名义纤度为 42 旦,生丝规格的纤度下限为 40 旦,纤度上限为 44 旦。

2. 切断　抽取一定数量的样丝,在标准状态(室温 20℃ ±2℃,相对湿度 65% ±5%)和规定的卷取张力、速度和时间下,用络丝机检验丝的切断次数也就是断头数。

3. 匀度　与纤度偏差检验目的相同,都是检验丝的粗细变化程度。纤度偏差是绞丝纤度的波动程度,检验的单位长度为 450m,即只能检验 450m 长片段的纤度不匀。

4. 清洁　蚕因品种不同和缫丝操作不当,丝条上时常出现糙疵,称为颣节,分为大、中、小三种。大颣和中颣主要是因操作不慎而产生,所以又称粗制颣,而小颣大多由蚕本身和煮茧造成。习惯上把大中颣节的检验称清洁检验,小颣检验称洁净检验。清洁、洁净检验和匀度检验同时进行。

5. 强伸力　检验丝条受到外力拉伸至断裂时所能承受的最大负荷和丝条伸长的程度。强力常用相对强度表示,即丝条断裂时每旦尼尔纤度所能承受的克力数。伸长度指丝条断裂时伸长的部分为原长的百分数。

6. 抱合　检验生丝或柞蚕丝的茧丝胶着程度。常用的仪器是杜普兰式抱合机,用摩擦次数来表示。

三、检测仪器及工具

本项目主要用到的仪器有测试生丝纤度的旦尼尔秤,测试切断次数用的络丝机,测试生丝强伸力的拉力机,测试抱合性能用的抱合机等(图 2 - 2)。

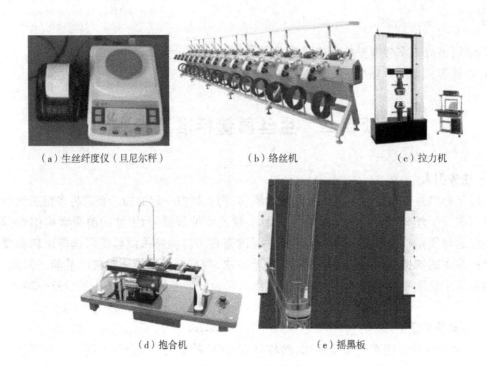

（a）生丝纤度仪（旦尼尔秤）　　　（b）络丝机　　　　　（c）拉力机

（d）抱合机　　　　　　　　　（e）摇黑板

图 2 - 2　生丝检验仪器

四、任务实施

（一）各项目检验

1. 重量检验　生丝容易吸湿和散湿，重量随空气中的湿度变化而异。生丝属高级纺织材料，价格昂贵，所以各国以公量为计价标准。公量是指生丝在公定回潮率为 11% 时的重量。根据每件生丝的净量（去除纸绳等包装重量）和实际回潮率，利用下面的公式计算出每件生丝的公量：

$$公量(g) = 净量(g) \times \frac{100 + 11}{100 + 实际回潮率}$$

2. 外观检验　用肉眼观察和手的感觉来检验整批丝的颜色、光泽和手感的一致程度以及整理状况，如检查丝绞、丝色是否符合标准，复摇、打包、成件中有无病疵存在。

3. 切断检验　抽取一定数量的样丝，在标准状态（室温 20℃ ± 2℃，相对湿度 65% ± 5%）和规定的卷取张力、速度和时间下，用络丝机［图 2 - 2（b）］检验丝的切断次数（即断头数）。

4. 纤度检验　检验内容有平均纤度、公量平均纤度、纤度偏差、纤度最大偏差四项。纤度检验是用纤度丝进行的。纤度丝的长度以"回"为单位，每回为 1.125m。检验的绞数和回数因丝的纤度而不同。33 旦以下的生丝检验 100 绞纤度丝，每绞 400 回，长 450m。

平均纤度等于各绞样丝纤度之和除以被检验的绞数。公量平均纤度是按照公定回潮率为 11% 折算的平均纤度。纤度偏差指标有纤度平均差和纤度均方差。我国采用平均差，等于受检验各绞丝的纤度与平均纤度差值之和除以绞数。纤度最大偏差指被检验的纤度丝中最粗或最细的纤度偏离平均纤度的最大值。

5. **匀度检验** 匀度检验是把生丝按规定排在周长 1m 的黑板上,在稳定的灯光照射下用肉眼观察丝的纤度波动的程度,即可以检验 4~6m 片段内的纤度变化程度。为全面了解整批丝纤度变化情况,纤度偏差和匀度均需检验。纤度粗细不同在检验的黑板上显现出不同的丝色,纤度细时丝色发暗,粗时较白,这种变化叫作匀度的变化。匀度变化程度分为 V_0、V_1、V_2、V_3 四类。对照变化标准照片进行评分。$V_0 \sim V_1$ 的叫作均匀 1 度变化,顺次称均匀 2 度变化、均匀 3 度变化。根据匀度的变化按规定得出匀度成绩。

6. **清洁检验** 是找出所有丝片上的疵点,疵点分为主要疵点、次要疵点和普通疵点。而且检验机构每季度都会组织茧丝检验人员开展清洁、洁净目光比对,稳定目光。

7. **强伸力检验** 检验丝条受到外力拉伸至断裂时所能承受的最大负荷和丝条伸长的程度。强力常用相对强度表示,即丝条断裂时每旦尼尔纤度所能承受的克力数。伸长度指丝条断裂时,伸长的部分为原长的百分数。检验仪器采用复丝拉力机。检验室的温、湿度保持在标准状态。丝束断裂时拉力(kg)和伸长值(cm)被自动记录下来,根据这两种数据计算强力和伸长度。

8. **抱合检验** 常用的仪器是杜普兰式抱合机。抱合机装有丝钩和摩擦板。检验前须将样丝在标准检验室内放置 2h 以上,使样丝所含水分接近公定回潮率。检验时将丝条依次顺绕在丝钩上,夹在往复运动的摩擦板之间。观察丝条上被摩擦部分的状态,按规定记录丝条发毛或开裂时的摩擦次数。

9. **外观检验** 主要是通过手感目测的方法观察生丝是否存在霉丝、丝把硬化、黏条、附着物(黑点)、污染丝、纤度混杂、水渍、颜色不整齐、夹花、白斑、绞重不匀、双丝、重片丝、切丝、飞入毛丝、凌乱丝等疵点,并计下数量。

(二)品级要求

1. **生丝的品质** 根据受检生丝的品质技术指标和外观质量的综合成绩,分为 6A、5A、4A、3A、2A、A 和级外品。

2. **生丝的品质技术指标** 生丝的品质技术指标规定见表 2-1。

表 2-1 生丝的品质技术指标

主要检验项目	名义纤度	级别					
		6A	5A	4A	3A	2A	A
纤度偏差(旦)	12 旦(13.3dtex)及以下	0.80	0.90	1.00	1.15	1.30	1.50
	13~15 旦(14.4~16.7dtex)	0.90	1.00	1.10	1.25	1.45	1.70
	16~18 旦(17.8~20.0dtex)	0.95	1.10	1.20	1.40	1.65	1.95
	19~22 旦(21.1~24.4dtex)	1.05	1.20	1.35	1.60	1.85	2.15
	23~25 旦(25.6~27.8dtex)	1.15	1.30	1.45	1.70	2.00	2.35
	26~29 旦(28.9~32.2dtex)	1.25	1.40	1.55	1.85	2.15	2.50
	30~33 旦(33.3~36.7dtex)	1.35	1.50	1.65	1.95	2.30	2.70
	34~49 旦(37.7~54.4dtex)	1.60	1.80	2.00	2.35	2.70	3.05
	50~69 旦(55.6~76.7dtex)	1.95	2.25	2.55	2.90	3.30	3.75

续表

主要检验项目	名义纤度	级别					
		6A	5A	4A	3A	2A	A
纤度最大偏差(旦)	12旦(13.3dtex)及以下	2.50	2.70	3.00	3.40	3.80	4.25
	13~15旦(14.4~16.7dtex)	2.60	2.90	3.30	3.80	4.30	4.95
	16~18旦(17.8~20.0dtex)	2.75	3.15	3.60	4.20	4.80	5.65
	19~22旦(21.1~24.4dtex)	3.05	3.45	3.90	4.70	5.50	6.40
	23~25旦(25.6~27.8dtex)	3.35	3.75	4.20	5.00	5.80	6.80
	26~29旦(28.9~32.2dtex)	3.65	4.05	4.50	5.35	6.25	7.25
	30~33旦(33.3~36.7dtex)	3.95	4.35	4.80	5.65	6.65	7.85
	34~49旦(37.7~54.4dtex)	4.60	5.20	5.80	6.75	7.85	9.05
	50~69旦(55.6~76.7dtex)	5.70	6.50	7.40	8.40	9.55	10.85
均匀二度变化	18旦(20.0dtex)及以下	3	6	10	16	24	34
	19~33旦(21.1~36.7dtex)	2	3	6	10	16	24
	34~69旦(37.8~76.7dtex)	0	2	3	6	10	16
清洁(分)	69旦(76.7dtex)及以下	98.0	97.5	96.5	95.0	93.0	90.0
洁净(分)	69旦(76.7dtex)及以下	95.00	94.00	92.00	90.00	88.00	86.00

辅助检验项目	附级			
	(一)	(二)	(三)	(四)
均匀三度变化(条)	0	1	2	4

辅助检验项目		附级		
		(一)	(二)	(三)
切断ª(次)	12旦(13.3dtex)及以下	8	16	24
	13~18旦(14.4~20.0dtex)	6	12	18
	19~33旦(21.1~36.7dtex)	4	8	12
	34~69旦(37.8~76.7dtex)	2	4	6

辅助检验项目	附级	
	(一)	(二)
断裂强度(gf/旦)/(cN/dtex)	3.80(3.35)	3.70(3.26)
断裂伸长率(%)	20.0	19.0

辅助检验项目		附级		
		(一)	(二)	(三)
抱合(次)	33旦及以下(36.7dtex)	100	90	80

a 筒装丝不考核。

3. 生丝的外观疵点分类及批注　生丝的外观疵点分类及批注规定,绞装丝见表2-2,筒装丝见表2-3。

表 2 - 2　绞装丝外观疵点及批注规定

疵点名称		疵点说明	批注数量		
			整批(把)	拆把(绞)	样丝(绞)
主要疵点	霉丝	生丝光泽变异,能嗅到霉味或发现灰色或微绿色的霉点	10 以上		
	丝把硬化	绞把发并,手感糙硬呈僵直状	10 以上		
	黏条	丝条黏团,手指黏揉后,左右横展部分丝条不能拉散者		6	2
	附着物(黑点)	杂物附着于丝条,块状黑点,长度在1mm及以上;散布性黑点,丝条上有断续相连、分散而细小的黑点		6	2
	污染丝	丝条被异物污染		12	6
	纤度混杂	同一批丝内混有不同规格的丝胶		16	8
	水渍	生丝遭受水湿,有渍印,光泽呆滞	10 以上		1
一般疵点	颜色不整齐	把与把、绞与绞之间颜色程度或颜色种类差异较明显	10 以上		
	夹花	同一丝绞内颜色程度或颜色种类差异明显		16	8
	白斑	丝绞表面呈现光泽呆滞的白色斑,长度在10mm及以上者,程度或颜色种类差异较明显	10 以上		
	绞重不匀	丝绞大小重量相差在20%以上者			4
	双丝	丝绞中部分丝条卷取两根及以上,长度在3m以上者			1
	重片丝	两片丝及以上重叠一绞者			1
	切丝	丝绞存在一根及以上的断丝		16	
	飞入毛丝	卷入丝绞内的废丝			8
	凌乱丝	丝片层次不清,络绞紊乱,切断检验难以卷取者			6

注　达不到一般疵点者,为轻微疵点。

表 2 - 3　筒装丝外观疵点及批注规定

疵点名称		疵点说明	整批批注数量(筒)		
			菠萝形	大菠萝形	圆柱形
主要疵点	霉丝	生丝光泽变异,能嗅到霉味或发现灰色或微绿色的霉点	10 以上		
	丝条胶着	丝筒发并,手感糙硬,光泽差	20 以上		
	附着物	杂物附着于丝条,块状黑点,长度在1mm及以上;散布性黑点,丝条上有断续相连、分散而细小的黑点	20 以上		

疵点名称		疵点说明	整批批注数量(筒)		
			菠萝形	大菠萝形	圆柱形
主要疵点	污染丝	丝条被异物污染	15 以上		
	纤度混杂	同一批丝内混有不同规格的丝筒	1		
	水渍	生丝遭受水湿,有渍印,光泽呆滞	10 以上		
	成形不良	丝筒两端不平整,高低差3mm者或两边塌边或有松紧丝层	20 以上		
一般疵点	颜色不整齐	把与把、绞与绞之间颜色程度或颜色种类差异较明显	10 以上		
	色圈	同一丝筒内颜色程度或颜色种类差异明显	20 以上		
	丝筒不匀	丝筒重量相差在15%以上者	20 以上		
	双丝	丝筒中部分丝条卷取两根及以上,长度在3m以上者	1		
	切丝	丝筒中存在一根及以上的断丝	20 以上		
	飞入毛丝	卷入丝筒内的废丝	8 以上		
	跳丝	丝筒卜端丝条跳出,其弦长:大、小菠萝形的为30mm,圆柱形的为15mm	10 以上		

注 达不到一般疵点者,为轻微疵点

4. 生丝的公定回潮率 一般为11.0%,生丝的实际平均回潮率根据规定不得低于8.0%,不得超过13.0%。

5. 分级规定

(1)基本级的评定。

①根据纤度偏差、纤度最大偏差、均匀二度变化、清洁及洁净五项主要检验项目中的最低一项成绩确定基本级。

②主要检验项目中任何一项低于 A 级时,作级外品。

③在黑板卷绕过程中,出现有 10 只及以上丝锭不能正常卷取者,一律定为级外品,并在检测报告上注明"丝条脆弱"。

(2)辅助检验的降级规定。

①辅助检验项目中任何一项低于基本级所属的附级允许范围者,应予降级。

②按各项辅助检验成绩的附级低于基本级所属附级的级差数降级,降级相差一级者,则基本级降一级,相差两级者,降两级,依此类推。

③辅助检验项目中有两项以上低于基本级者,以最低一项降级。

④切断次数超过表 2-4 的,一律降为级外品。

表 2 - 4　切断次数的降级规定

名义纤度[旦(dtex)]	切断(次)	名义纤度[旦(dtex)]	切断(次)
12(13.30)及以下	30	19~33(21.1~36.7)	20
13~18(14.4~20.0)	25	34~69(37.8~76.7)	10

(3)外观检验的评等及降级规定。

①外观评等。外观评等分为良、普通、稍劣和级外品。

②外观降级规定。

a. 外观检验评为"稍劣",在原来确定的等级基础上再降一级。

b. 外观检验评为"级外品"者,一律作级外品。

(4)出现洁净 80 分及以下丝片的丝批,最终定级不得定为 6A 级。

(5)生丝的实测平均公量纤度超出该批生丝规格的纤度上限或下限时,在检测报告上注明"纤度规格不符"。

思考题

1. 生丝评级的实际意义是什么?

2. 生丝如何定级?

项目三　生苎麻质量标准及检测

一、任务引入

苎麻按加工工艺可分为生苎麻、精干麻、麻球、麻络绵(落麻),生苎麻是从苎麻茎上剥下,并经刮制的韧皮,即苎麻原麻。苎麻的品质评定便于苎麻的生产、收购、加工。

二、名词及术语

1. 苎麻　荨麻科苎麻属苎麻植物韧皮纤维的统称。

2. 生苎麻(原麻)　从苎麻茎上剥下,并经刮制的韧皮。

3. 杂质　苎麻中的麻骨、麻屑、麻叶等自然含杂。

4. 甲类苎麻　线密度在 556mtex 及以下(公制支数在 1800 公支及以上)的苎麻纤维。

5. 乙类苎麻　线密度在 556mtex 以上(公制支数在 1800 公支以下)的苎麻纤维。

三、检测仪器及工具

本项目的测试主要包括测试长度的米尺,测试杂质的电子天平,计算平均值等用的计算器,测试回潮率用的烘箱以及测试纤维细度的纤维细度仪(图 2 - 3)。

四、任务实施

(一)各项目检验

1. 感官品质、杂质、长度检验取样　取有代表性的样品。在 100 包中随机取样 5 包,每包

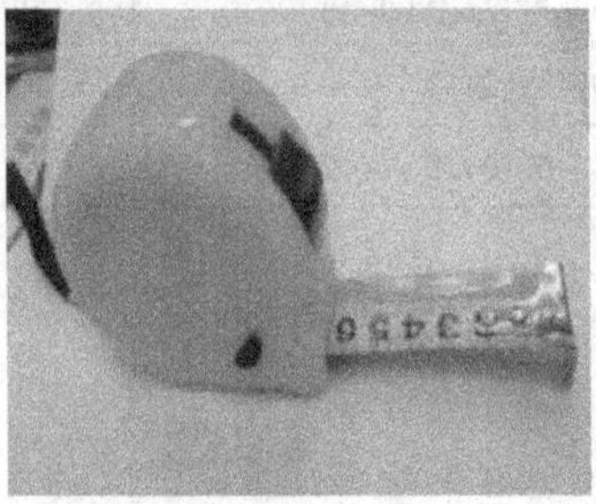

(a)米尺 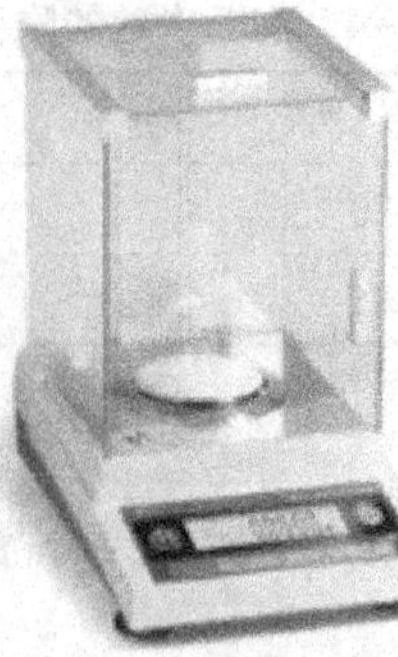   (b)电子天平    (c)计算器

(d)烘箱 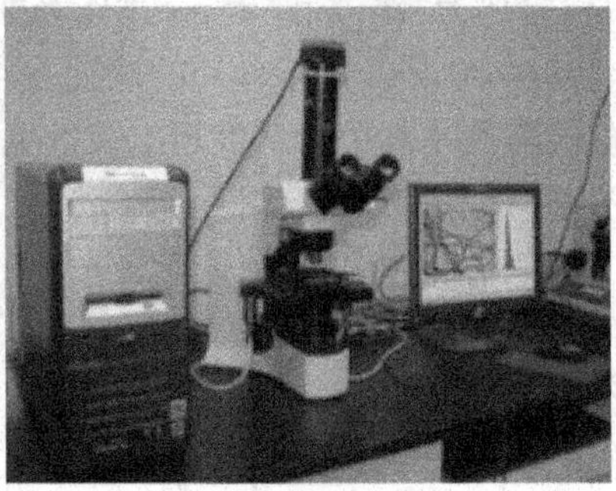   (e)纤维细度仪

图2-3　生苎麻检测仪器

取样3小把(约3kg)。不足100包按100包取样,超过100包,每超过50包增加1包。

2. **感官品质检验**　根据规定,逐把对照标准样品按照刮制、斑疵、红根、色泽几个方面进行分等。

3. **长度检验**　从批样中随机抽取10小把麻样,将麻把平放理直,用米尺从一把麻的根部量至麻把总根数的80%处的量值为该把麻的长度。计算10把麻长度的算术平均值,修约至0.5cm。

4. **杂质检验**　从批样中随机抽取3把麻样作为试样,用分度值不大于1g的案秤分别称试样重量后,用手抖动麻把,拣出麻骨、麻屑、麻叶等自然含杂,再分别称试样重量,计算含杂率。以3把麻样的算数平均值作为计算结果,结果保留至小数点后一位。

5. **回潮率检验、单纤维线密度检验**　抽取样品,用烘箱法测试实际回潮率,用纤维细度仪测试麻纤维的线密度。

(二)品质评定

1. **苎麻等别规定**　苎麻根据收获季别,分为头麻、二麻、三麻等。等别规定见表2-5。

表2-5　生苎麻评等

条件 等别	感官品质	含杂率(%)	长度(cm)
一等	刮制好(附壳、焦梢极少,手感柔软),斑疵、红根极少,色泽正常	≤1.0	≥60

续表

条件 等别	感官品质	含杂率(%)	长度(cm)
二等	刮制较好(附壳、焦梢少,手感尚柔软),斑疵、红根少,色泽较正常	≤1.5	≥60
三等	刮制较差(附壳、焦梢稍多,手感欠柔软),红根稍多,色泽较差	≤2.0	≥60

2. 回潮率规定 苎麻各等回潮率不得超过16%。

3. 规整度规定 各等的麻束均须根齐尾顺。

4. 等别相符率 在同一批苎麻中,本等相符率应不低于80%,不得跳等。

5. 其他 凡是不符合规定的为等外麻。

思考题

生苎麻评级的指标有哪些?

项目四 羊毛质量标准及检测

一、任务引入

羊毛纤维是日常生活中最常见的天然蛋白质纤维,它具有优良的服用性能。羊毛品种繁多,品质差异大,为了有效利用原毛和便于毛纺工业加工,做到优毛优用,优毛优价,毛尽其用,工业把不同种类羊毛按品质分为不同等级。羊毛越细,除纤维长度偏短外,其他力学性能都好,可纺高支纱,成纱品质好,织物风格、手感、外观等也较好。参考标准为FZ/T 21002—2009。

二、名词及术语

1. 毡并毛 由于受湿等原因,毛纤维毡结发并成块状或束状,用手拉不能成单纤维或虽撕成单纤维但纤维已断裂损伤的羊毛。

2. 同质毛 同质毛的各毛丛由同一类毛纤维组成,纤维长度、细度基本一致,按其细度可分成各种支数毛。同质毛品质优良,新疆细羊毛及各国的美利努羊毛多属同质毛。

3. 异质毛 羊体各毛丛由两种及以上类型毛纤维组成。土种毛和我国低代改良毛多属异质毛,质量不及同质毛。

4. 基本同质毛 在一个套毛上的各个毛丛,大部分为同质毛形态,少部分为异质毛形态。如改良一级毛。

5. 无髓毛 由鳞片层和皮质层组成。无髓质层的毛纤维主要指绒毛。这类纤维较细卷曲多,颜色洁白,呈现银丝光,品质优良,纺纱性能好。

6. 有髓毛 由鳞片层、皮质层和髓质层组成,且髓质层具有一定的连续长度和一定的宽度的毛纤维。这类纤维一般较粗长,无卷曲,无光泽,呈不透明白色。

7. 两型毛 同时具有无髓毛和有髓毛特征的毛纤维。纤维一端表现似无髓毛形态,而另一端又表现有髓毛形态,或交替出现。纤维粗细差异较大,纺纱性能较绒毛差。

8. 死毛 除鳞片层外,整根羊毛充满髓质。这类纤维呈扁带状,脆弱易断,枯白色,没有光泽,不易染色,无纺纱价值。

9. 细羊毛 品质支数在60支及以上。毛纤维平均直径在25.0μm及以下,即属这类。

10. 半细羊毛 品质支数为36~58支,毛纤维平均直径为25.1~55.1μm的同质毛。

11. 被毛 从羊身上剪得的羊毛是一片完整的羊毛集合体。

12. 散毛 从羊身上剪下的不成整片状的毛。

13. 抓毛 在脱毛季节用铁梳子梳下来的毛。

14. 植物质 洗净毛中的植物质含量是以洗净毛中草刺(包括硬头草刺)、种粒、叶子和草屑等的绝对干燥重量对试样绝对干燥重量的百分比来表示。

三、检测仪器及工具

本项目检测的仪器有称样品的天平,测试长度的梳片式羊毛长度分析仪、钢板尺、计算器,测试回潮率用的烘箱,测试含油脂率的索氏萃取装置,萃取剂乙醇、乙醚等,测试残碱率用的三角烧瓶、移液管、硼酸溶液、振荡器、甲基红—亚甲基蓝、盐酸溶液,测试毡并毛及色度用的标准光源,测试洁白度用的标准样照,测试灰分用的坩埚、高温炉,测试植物性杂质用的40目筛网、氢氧化钠溶液等,主要的仪器及工具如图2-4所示。

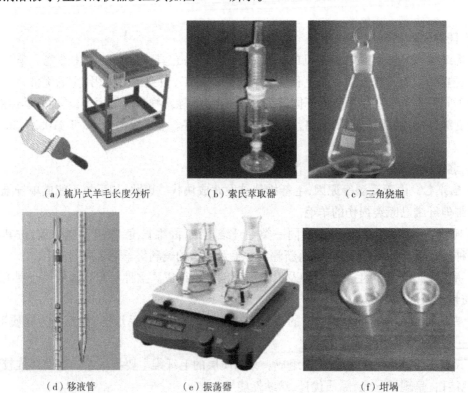

（a）梳片式羊毛长度分析　　　（b）索氏萃取器　　　（c）三角烧瓶

（d）移液管　　　（e）振荡器　　　（f）坩埚

（g）高温炉　　　　　　　　　（h）40目筛网

图2-4　羊毛检验用仪器

四、项目检验

取样：洗净毛实验室样品的抽取。

抽样方法：采用开包方式分别随机从样包的中部和另一随机部位深于包皮15cm及以上处抽取样品，将抽取的实验室样品分成A、B两部分。

A部分：用于测定含土杂率、毡并率、细度、长度、油漆点和沥青点等，样品总量不少于3.5kg。

B部分：用于测定含油脂率、回潮率、含残碱率，样品总量不少于0.5kg。

注：实验室样品B部分抽取后应迅速装入密闭的容器。

洗净毛实验室样品抽样数量：10包以内抽3包，不足3包逐包抽取，10包以上，每增加10包增抽1包，不足10包以10包计，50包以上每增20包增抽1包，不足20包以20包计，抽取样品总重量每批不少于4kg。

（一）羊毛细度测定

1. 清洗　样品含油率超过1%的要进行脱脂处理，用乙醚浸泡样品后，取出用手挤干，再自然恢复10min。

2. 调湿　将样品先放入烘箱内作预调湿，在47℃下烘40min。再将样品放在标准试验条件下调湿放置6~8h。

3. 称重　用感量1/100g的天平称准试样重量为4.5g，每只样品称取3份。

4. 测试与记录　用气流仪测试羊毛纤维的细度并记录计算平均细度。

（二）羊毛长度测试

准确剪取三根50cm长毛条，然后用双手两端轻加张力，平直地放在每一架分析仪上，三根毛条须分清，毛条一端露出10~15cm，每根毛条用压叉压入下梳片针内，宽度小于纤维夹子的宽度，将露出梳片的毛条，用手轻轻拉一端，离第一梳片5cm或8cm处，用纤维夹子夹取纤维，使毛条端部与第一下梳片平齐，然后，将第一梳片放下，用纤维夹子将一根毛条的全部宽度的纤维紧紧夹住，从下梳中慢慢拉出，并用梳片从根部开始梳理两次，去除游离纤维，每组夹取三次，每次夹取长度为3mm。

将梳理后的纤维转移到第二架分析仪时，用左手夹住纤维，防止纤维扩散，并保持纤维平直，纤维夹子钳口靠近第二梳片，用压叉将毛条压入针内，并慢慢向前拖拽，要使毛束头端与第一梳片的针内侧平齐，在每次抽取前，要修去游离纤维，使毛束端部平齐，三根毛条继续数次，当第二架分析仪上的毛束宽度在10cm左右,重量在2.0~2.5g,停止夹取。

在第二架分析仪上,加上四片上梳片,将分析仪转身,放下梳片,至纤维露出梳片外为止,用纤维夹子夹取各组纤维,然后分别用扭力天平称重,长度试验以两次算术平均值为最终结果。用下面的公式计算平均长度:

$$\bar{L} = \frac{\sum L_i G_i}{\sum G_i}$$

式中: $\bar{L}$ ——加权平均长度,mm;

L_i ——各组羊毛的平均长度值,即中值,mm;

G_i ——各组羊毛的质量,mg。

(三)含油脂率、植物质含量、灰分含量检验

1. 含油脂率 利用索氏萃取器,选择乙醇、乙醚等有机溶剂溶解纤维的油剂,称得试样上去油后的干重和油脂干重,计算含油率。

2. 植物质含量 取烘干样40g放入600mL煮沸的氢氧化钠溶液中,不应继续加热,但应不断进行搅拌,将溶液倾倒在筛网内,以及将遗留在溶器或烧杯内的杂质用水一起冲入至筛网内,同时用水不断冲淋筛网内不溶于碱的物质,至少3min,将收集的残留物置于110℃的烘箱内烘干,将总碱不溶物进行称量,然后计算植物质的百分含量,也可肉眼估测将各类残留物分开,然后分别计算质量百分率。

3. 灰分含量 取样品2~3g,置炽灼至恒重的坩埚中,称定重量(准确至0.01g),缓缓炽热,注意避免燃烧,至完全碳化时,逐渐升高温度至500~600℃,使其完全灰化并至恒重。根据残渣重量,计算样品中总灰分的含量(%)。

(四)残碱率检验

将试样放入具塞三角烧瓶中,用100mL移液管吸取硼酸溶液并注入瓶中,盖紧瓶塞,用振荡器震荡2h,然后将析出液用玻璃滤器过滤入干燥的容器内,用50mL移液管吸取滤液并注入三角烧瓶中,加入3滴甲基红—亚甲基蓝指示剂,用0.5mol/L的盐酸标准溶液滴定到溶液由绿色变为红紫色为止,含碱量以试样干燥重量的百分率表示:

$$含碱率 = \frac{c \times V \times M}{1000 K \times m} \times 100$$

式中: c ——所用盐酸标准溶液的浓度,mol/L;

V ——所用盐酸标准溶液的体积,mL;

m ——试样干燥重量,g;

M ——用碱的摩尔质量,g/mol;

K ——常数(含碱率如以碳酸钠表示, K 为2;如以氢氧化钠表示, K 为1)。

(五)外观检验

将试验室样品放在标准光源或自然光下把黄残毛、毡片毛和其他疵点毛用肉眼分拣,分别称重后计算各类疵点的含量。

(六)公量检验

用烘箱干燥法。公量计算公式如下:

$$m_w = \frac{m(1 + w_b)}{(1 + w_s)} \times \frac{(1 + y_b)}{(1 + y_s)}$$

式中:m_w——公量,kg;

　　　m——实际重量,kg;

　　　w_b——公定回潮率;

　　　w_s——实际回潮率;

　　　y_b——公定含油脂率;

　　　y_s——实际含油脂率。

(七)品质评定与技术要求

1. 分档、分级规定　国产细羊毛及其改良毛、洗净毛分为同质毛和异质毛两类。

(1)同质毛根据羊毛的平均细度分档,见表2-6。

表2-6　同质毛分档

细度(μm)	平均细度范围(μm)	细度(μm)	平均细度范围(μm)
18	17.6~18.5	22	21.6~22.5
19	18.6~19.5	23	22.6~23.5
20	19.6~20.5	24	23.6~25.0
21	20.6~21.5		

(2)异质毛按粗腔毛率分级,见表2-7。

表2-7　异质毛分级

品级	粗腔毛率最大值(%)	品级	粗腔毛率最大值(%)
一级	1.0	四级(甲)	5.5
二级	2.0	四级(乙)	7.0
三级	3.5		

注　低于四级乙档者为五级。

2. 分等规定

(1)洗净毛的品等分为一等和二等,低于二等品都为等外品,等外品原则上不准出厂。

(2)含土杂率、毡并率为分等条件,以其中最低一项的品等为该批洗净毛的品等。

(3)含油脂率、回潮率、含残碱率为生产厂保证条件,不符合规定者应作等外品处理。

3. 技术指标　洗净毛技术指标应符合表2-8的规定。

表2-8　洗净毛技术指标

品种	等级	含土杂率最大值(%)	毡并率最大值(%)	油漆点、沥青点	洁白度	含油脂率(允许范围)		回潮率(允许范围)(%)	含残碱率最大值(%)
						精纺	粗纺		
同质毛	1	3	2	不允许	比照标样	0.4~0.8	0.5~1.5	10~18	0.6
	2	4	3						

续表

品种	等级	含土杂率最大值（%）	毡并率最大值（%）	油漆点、沥青点	洁白度	含油脂率（允许范围）		回潮率（允许范围）（%）	含残碱率最大值（%）
						精纺	粗纺		
异质毛	1	3	3	不允许	比照标样	0.4～0.8	0.5～1.5	10～18	0.6
	2	4	5						

注　洁白度由供需双方自定标样考核。

4. 洗净毛的公定回潮率和公定含油脂率

（1）洗净毛的公定回潮，同质毛为16%，异质毛为15%。

（2）洗净毛的公定含油脂率为1%。

思考题

什么是同质毛、异质毛，评级时有何不同？

项目五　涤纶短纤维质量标准与检测

一、任务引入

涤纶（PET）是聚对苯二甲酸乙二酯纤维在我国的商品名称。涤纶短纤维是由聚酯纺成丝束切断后得到的纤维。它是聚酯纤维的一种，由熔体纺丝法制得。产品主要用于棉纺行业，单独纺纱或与棉、黏胶纤维、麻、毛、维纶等混纺，所得纱线用于服装织布为主，还可用于家装面料、包装用布、充填料和保暖材料。涤纶是合成纤维的一大类属和主要品种，其产量居所有化学纤维之首。其分子结构如下所示。本任务的参考标准为 GB/T 14464—2008《涤纶短纤维》。

$$ \begin{array}{c} O \qquad\qquad O \\ \| \qquad\qquad \| \\ +C - \langle \rangle - C - O - CH_2 - CH_2 - O +_n \end{array} $$

二、名词及术语

1. 生产批　原辅材料、工艺条件及产品规格相同，一定时间内连续生产的产品批号。

2. 检验批　为检验生产批产品质量的特性和稳定性，采用周期性或根据生产情况确定的产品批号。

3. 倍长纤维含量　以每100g纤维中倍长纤维的毫克数表示，不等长毛型涤纶短纤维的倍长纤维为大于200mm的长纤维。

4. 棉型　线密度为0.8～2.1dtex，分普强棉型和高强棉型两种，高强棉型的断裂强度不小于5.0cN/dtex。

5. 中长型　线密度为2.2～3.2dtex。

6. 毛型　线密度为3.3～6.0dtex。

7. 干法纺丝　将溶液法制备的纺丝液从喷丝孔中喷出后，在热空气中因溶剂迅速挥发而凝固成丝，称干法纺丝。

8. **湿法纺丝** 用溶液法制备的纺丝液从喷丝孔中喷出后,在液体凝固浴中因溶剂扩散和凝固剂渗透而固化成丝,称湿法纺丝。

9. **熔体纺丝** 将熔融的成纤高聚物熔体从喷丝孔中挤出,在周围空气中冷却固化成丝,称熔体纺丝。

10. **拉伸** 将初生纤维集合成一定粗细的大股丝束,经多辊拉伸机进行一定倍数的拉伸。拉伸使纤维中大分子的排列改变,大分子沿纤维轴向伸直而有序排列,从而改善纤维的力学性能。

11. **上油** 将纤维丝束经过油浴,在纤维表面加上一层很薄的油膜,化纤上油的目的是减少纤维与纤维、纤维与机件之间的摩擦,提高纤维间的抱合力,改善纤维的柔软润滑性,增强合成纤维的吸湿能力,减少纤维在纺织加工和使用过程中产生的静电现象。

12. **卷曲** 使纤维具有一定的卷曲数,从而改善纤维之间的抱合力,使纺纱得以正常进行,同时提高成纱强力,改善织物的服用性。

13. **干燥定形** 一般在帘板式烘燥机上进行,目的是除去纤维中多余的水分,消除前段工序中产生的内应力,防止纤维在以后的加工和使用过程中产生收缩。

14. **切断** 在沟轮式切断机上将丝束切断成规定的长度。

三、检测仪器与工具

本项目检测的仪器有检验纤维强伸性的纤维强力仪,测试卷曲弹性的卷曲弹性仪,测试含油率的索氏萃取器,测试比电阻使用的纤维比电阻仪,检验长度用的限制器,测试超长纤维和倍长纤维含量的切断器。测试僵丝、并丝、硬丝、注头丝、未牵伸丝、胶块、硬板丝、粗纤维等疵点的原棉杂质分析机。主要的仪器如图2-5所示。

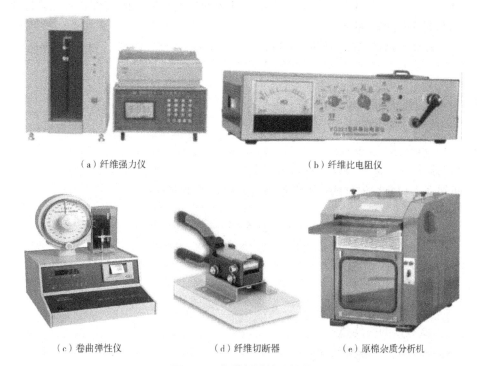

（a）纤维强力仪 （b）纤维比电阻仪

（c）卷曲弹性仪 （d）纤维切断器 （e）原棉杂质分析机

图2-5 化学纤维检验仪器

四、任务实施

(一)各项目检验

1. 线密度检验　涤纶短纤维的线密度用特克斯(tex)表示,线密度的检验大多采用中段称重法。从伸直的纤维束上切取一定长度的中段纤维,称取重量,并计数中段纤维根数。计数时,一般将纤维平行地排列在载玻片上,盖上盖玻片后,在投影仪中点数纤维根数,按下式计算线密度和线密度偏差。

(1)线密度。线密度计算式为:

$$Tt = 1000 \times \frac{G_c}{N_c \times L_c}$$

式中:Tt——线密度,dtex;

G_c——中段纤维重量,mg;

N_c——中段纤维根数;

L_c——切段长度,mm。

(2)线密度偏差。线密度偏差是指实测线密度与纤维名义线密度的差异的百分率。其计算式如下:

$$线密度偏差 = \frac{Tt - N_{texb}}{N_{texb}} \times 100\,(\%)$$

式中:N_{texb}——名义线密度,dtex。

化学短纤维的线密度也可用气流式细度仪来测定,其原理同棉纤维式细度仪。

2. 强伸性检验　用纤维强力机测试涤纶短纤维的断裂强度和断裂伸长率以及断裂强力和断裂伸长的标准差和变异系数。

(1)断裂强度。涤纶短纤维的断裂强度的单位是 N/tex 或 cN/dtex。其计算式如下:

$$P_t = \frac{P}{Tt}$$

式中:P_t——断裂强度,cN/dtex;

P——单纤维平均断裂强力,cN;

Tt——纤维线密度,dtex。

(2)断裂伸长率。此项可以由仪器直接读取。

(3)断裂强力和断裂伸长的标准差和变异系数。按下式计算:

$$S = \sqrt{\frac{\sum (x_i - \bar{x})^2}{n - 1}}$$

$$CV = \frac{S}{\bar{x}} \times 100\%$$

式中:S——标准差;

x_i——各次测试数值;

$\bar{x}$——测试数据的平均值;

n——测试根数,一般为 50 根;

CV——变异系数,%。

3. 涤纶短纤维卷曲率和卷曲弹性测试　卷曲弹性仪校正后,在试样中随机取 30 束卷曲状态没有破坏的束状纤维排列在黑绒板上。用纤维张力夹从纤维中夹起一根纤维,悬挂在天平横梁上,然后用镊子将纤维的另一端放入下夹持器钳口中,这时,纤维呈松弛状态,实际长度应大于20mm。检验时将逐根纤维一端加上轻负荷 0.0018cN/dtex,另一端置于卷曲仪的夹持器中,待轻负荷平衡后记下读数 L_0 并读取纤维上 25mm 内的全部卷曲峰和卷曲谷数 J_A;然后再加上重负荷(维纶、锦纶、丙纶、氯纶等为 0.05cN/dtex,涤纶、腈纶为 0.075cN/dtex),平衡后记下读数 L_1,待30s 后去除全部负荷,2min 后,再加轻负荷平衡后记下读数 L_2。根据所测数值计算卷曲性能各项指标。

(1)卷曲数。卷曲数是指每厘米长纤维的卷曲个数,它是表示纤维卷曲多少的指标。卷曲数太少会发生清花纤维卷成形困难,黏卷严重;梳理纤维网下坠,成条差等弊病,甚至无法纺纱,所以对纤维的可纺性影响很大。如棉型涤纶的卷曲数不宜低于 4 个/cm,以 5 ~ 7 个/cm 为佳;毛型涤纶的卷曲数为3 ~ 5 个/cm 为佳。其计算式如下:

$$卷曲数 = \frac{J_A}{2 \times 2.5}$$

式中:J_A——纤维在 25mm 内全部卷曲峰和卷曲谷个数。

(2)卷曲率。卷曲率表示卷曲程度,卷曲率越大表示卷曲波纹越深,卷曲数多的卷曲率也大。其计算式如下:

$$卷曲率 = \frac{L_1 - L_0}{L_1} \times 100\%$$

式中:L_1——纤维在重负荷下测得的长度,mm;

L_0——纤维在轻负荷下测得的长度,mm。

(3)卷曲回复率。卷曲回复率表示卷曲的牢度,其值越大,表示回缩后剩余的波纹越深,即波纹不易消失,卷曲耐久。其计算式如下:

$$卷曲回复率 = \frac{L_1 - L_2}{L_1} \times 100\%$$

式中:L_2——纤维在重负荷释放,经 2min 回复,再在轻负荷下测得的长度,mm。

(4)卷曲弹性率。它表示卷曲弹性的好坏。其计算式如下:

$$卷曲弹性率 = \frac{L_1 - L_2}{L_1 - L_0} \times 100\%$$

4. 长度检验 涤纶短纤维的长度检验通常采用中段称重法。

样品调湿后称取试样50g,再从试样中称取一定量的纤维作平均长度和超长分析用(棉型称取 30 ~ 40mg,中长型称取 50 ~ 70mg,毛型称取 100 ~ 150mg)。剩余试样用手扯松,拣出倍长纤维。将平均长度和超长分析用的纤维用手扯和限制器绒板整理成一端平齐的纤维束。从纤维束中取出长度超过名义长度5mm(中长型为10mm)并小于名义长度两倍的超长纤维称量后仍并入纤维束中。将长度在短纤维界限下(棉型 20mm,中长型 30mm)的纤维取出进行整理,量出最短纤维的长度。然后用切段器切取中段纤维(棉型和中长型切取 20mm,有过短纤维的切10mm,毛型切30mm),将切下的中段纤维、两端纤维和过短纤维平衡后分别称量。在整理过程中发现倍长纤维,即长度超过名义长度的 2 倍及以上者,拣出后并入倍长纤维一起称量。根据所测数据计算各项长度指标:

(1)平均长度。平均长度按下式计算:

$$L = \frac{G_O}{\dfrac{G_C}{L_C} + \dfrac{2G_S}{L_C + L_{SS}}}$$

式中:L——平均长度,mm;

G_O——长度试样重量,mg;

G_C——中段纤维重量,mg;

L_C——中段纤维长度,mm;

G_S——短纤维界限以下纤维重量,mg;

L_S——短纤维界限,mm;

L_{SS}——最短纤维长度,mm。

(2)长度偏差。长度偏差是指实测平均长度和纤维名义长度差异的百分率。其计算式如下:

$$长度偏差 = \frac{L - L_b}{L_b} \times 100\%$$

式中:L_b——名义长度,mm。

(3)超长纤维率。超长纤维是指超长纤维质量占长度试样总质量的百分率。其计算式如下:

$$超长纤维率 = \frac{G_{ov}}{G_o} \times 100\%$$

式中:G_{ov}——超长纤维重量,mg。

(4)倍长纤维含量。倍长纤维含量以100g纤维所含倍长纤维质量的毫克数表示。其计算式如下:

$$倍长纤维含量 B = \frac{G_{zz}}{G_z} \times 100\%$$

式中:B——倍长纤维含量,mg/100g;

G_{zz}——倍长纤维重量,mg;

G_z——试样总重量,g。

5. 含油率检验　检验步骤如下。

(1)准备试样。牵伸丝取7g,变形丝剪取4g;测定含水率剪取30g。

(2)将索氏萃取器的萃取瓶洗净,置于105℃±3℃烘箱中,烘至恒量,称其质量G_1。前后两次称量相差在0.0005g以内。

(3)准确称取试样的质量G_3(精确到0.1mg)。

(4)将试样置于索氏萃取器萃取管内,下接已知质量的萃取瓶,注入溶剂。

(5)调节水浴炉的温度,使回流次数每小时不少于9次,总回流时间不少于2h。

(6)将萃取后的试样取出,从索氏萃取器上取下萃取瓶。

(7)将萃取瓶放入烘箱中,在105℃±3℃条件下烘至恒量。

(8)将萃取瓶转移到干燥器中冷却30~45min,然后准确称量G_2(精确到0.1mg)。

以两次实测值的算术平均值作为测定结果,计算到三位有效数值,按 GB/T 8170—2008 规定修约到两位有效数值。

$$Q = \frac{G_2 - G_1}{G_3 - (G_2 - G_1)} \times 100\%$$

式中:Q——试样含油率;

    G_1——萃取前萃取瓶质量,g;

    G_2——萃取后萃取瓶烘干质量,g;

    G_3——萃取前试样质量,g;

6. 涤纶短纤维比电阻检验

(1)从实验室样品中随机均匀取出30g以上纤维用手扯松后,进行预调湿和调湿,调湿时间4h以上,使试样达到吸湿平衡(每隔30min连续称量的质量递变量不超过0.1%)。

(2)从已达到吸湿平衡的样品中,随机称取15g纤维(精确到0.1g)各两份,作比电阻测定用。

(3)将测试盒压块取出,用大镊子将15g试样均匀地填入盒内并推入压块,然后将测试盒放入仪器槽内,转动摇手柄直至摇不动为止。

(4)将"放电—测试"开关拨到"放电"位置,使极板上因填装纤维产生的静电散逸后,再将"放电—测试"开关拨到100V测试挡进行测量。

(5)测试电压选在100V挡,拨动"倍率"开关,使电表有比较稳定的读数为止,这时指针的读数乘以倍率,即为被测纤维在一定密度的电阻值。为了减少读数误差,指针应尽量取在表盘的右半部分,否则可将测试开关放在50V电压挡测试,注意:这时应将表盘读数除以2,再乘以倍率。

(6)在测试中常有指针不断上升现象,如果出现,以通电后1min的读数作为被测纤维的电阻值。

(7)将"放电—测试"开关拨到"放电"位置,倍率选择开关拨至"∞"处,取出纤维测试盒,进行第二份试样的测试。

根据测试结果计算体积比电阻和质量比电阻。

(二)产品分等和指标要求

涤纶短纤维产品分为优等品、一等品、合格品三个等级。性能项目和指标见表2-9。

(三)标志

包装件上按规定的分类和命名标明产品名称、规格、等级、批号、净质量、生产日期、商标、产品标准编号、生产企业名称、地址以及产品防护、搬运的警示标,产品印刷标志应明显且不褪色,防止油、色渗入包内污染纤维。

(四)包装、运输和储存

1. 包装

(1)产品包装保持包型完整,纤维不外露,包装的质量应保证纤维不受损伤。

(2)不同规格、批号、类别的涤纶短纤维应分别包装。

(3)产品包装应用塑料带、钢带或其他具有一定强度的打包带紧固。

(4)非定重产品每包装件质量与同批定重产品名义质量的差异建议不超过+5%。

2. 运输 运输和装卸时应按产品警示标志规定执行,采取相应防范措施,防止产品受潮、暴晒、污染和受损,严禁抛掷。

3. 储存 包装件按批堆放,储存在通风、干燥、清洁的仓库内,不应靠近火源、热源、避免阳光直射。

表 2-9 涤纶短纤维性能项目和指标

序号	项目	棉型 高强棉型 优等品	一等品	合格品	普强棉型 优等品	一等品	合格品	中长型 优等品	一等品	合格品	毛型 优等品	一等品	合格品
1	断裂强度 (cN/dtex) ≥	5.50	5.30	5.00	5.00	4.80	4.50	4.60	4.40	4.20	3.80	3.60	3.30
2	断裂伸长率 (%) +	$M_1+4.0$	$M_1+5.0$	$M_1+8.0$	$M_1+4.0$	$M_1+5.0$	$M_1+10.0$	$M_1+6.0$	$M_1+8.0$	$M_1+12.0$	$M_1+7.0$	$M_1+9.0$	$M_1+13.0$
3	线密度偏差率 (%) +	3.0	4.0	8.0	3.0	4.0	8.0	4.0	5.0	8.0	4.0	5.0	8.0
4	长度偏差率 (%) +	3.0	6.0	10.0	3.0	6.0	10.0	3.0	6.0	10.0	—	—	—
5	超长纤维率 (%) ≤	0.5	1.0	3.0	0.5	1.0	3.0	0.3	0.6	3.0	—	—	—
6	倍长纤维含量 (mg/100g) ≤	2.0	3.0	15.0	2.0	3.0	15.0	2.0	6.0	30.0	5.0	15.0	40.0
7	疵点含量 (mg/100g) ≤	2.0	6.0	30.0	2.0	6.0	30.0	3.0	10.0	40.0	5.0	15.0	50.0
8	卷曲数 (个/25mm)	$M_2+2.5$	$M_2+3.5$	$M_2+3.5$	$M_2+2.5$	$M_2+3.5$	$M_2+3.5$	$M_2+2.5$	$M_2+3.5$	$M_2+3.5$	$M_2+2.5$	$M_2+3.5$	$M_2+3.5$
9	卷曲率 (%)	$M_3+2.5$	$M_3+3.5$	$M_3+3.5$	$M_3+2.5$	$M_3+3.5$	$M_3+3.5$	$M_3+2.5$	$M_3+3.5$	$M_3+3.5$	$M_3+2.5$	$M_3+3.5$	$M_3+3.5$
10	180℃干热收缩率 (%) ≤	$M_4+2.0$	$M_4+3.0$	$M_4+3.0$	$M_4+2.0$	$M_4+3.0$	$M_4+3.0$	$M_4+2.0$	$M_4+3.0$	$M_4+3.5$	≤5.5	≤7.5	≤10.0
11	比电阻 (Ω·cm) ≤	$M_5\times10^8$	$M_5\times10^9$	$M_5\times10^9$	$M_5\times10^8$	$M_5\times10^9$	$M_5\times10^9$	$M_5\times10^8$	$M_5\times10^8$	$M_5\times10^9$	$M_5\times10^8$	$M_5\times10^9$	$M_5\times10^9$
12	10%定伸长强度 (cN/dtex) ≥	2.80	2.40	2.00	—	—	—	—	—	—	—	—	—
13	断裂强度变异系数 (%) ≥	10.0	15.0	10.0	—	—	13.0	—	—	—	—	—	—

注：1. 线密度偏差率以名义线密度为计算依据。　2. 长度偏差率以名义长度为计算依据。

M_1为断裂伸长率中心值；棉型在22.0%~35.0%范围内选定；中长型在25.0%~40.0%范围内选定；毛型在35.0%~50.0%范围内选定；确定后不得任意变更。

M_2为卷曲数中心值，由供需双方在8.0~14.0个/25mm范围内选定，确定后不得任意变更。

M_3为卷曲率中心值，由供需双方在10.0~16.0个/25mm范围内选定，确定后不得任意变更。

M_4为180℃干热收缩率中心值，高强棉型在≤7.0%范围内选定，普强棉型在≤9.0%范围内选定，中长型在≤10.0%范围内选定，确定后不得任意变更。

M_5大于等于1.0Ω·cm小于10.0Ω·cm。

思考题

1. 试述涤纶短纤维的生产工艺过程。
2. 涤纶短纤维的评级指标有哪些,如何定级?

模块三　棉纱线质量标准与检测

一、任务引入

纱线是以各种纺织纤维为原料制成的连续线状物体,它细而柔软,并具有适应纺织加工和最终产品使用所需要的基本性能。纱线主要用于织造机织物、针织物、编结织物和部分非织造织物,少部分直接以线状纺织品形式存在,如各类缝纫线、毛绒线、绣花线、线绳及其他杂用线。

国家有关部门批准和颁布了各种纱线品质评定的标准,早在20世纪50年代,我国就发布了纱线的部分标准(FZ),20世纪60年代开始出现了国家标准(GB)与专业标准(ZB),标准的制定和实施推进了纺织技术水平和管理水平的提高。同时国家也积极鼓励企业制定严于国家标准或行业标准的企业标准(Q/FZ)。随着纤维材料和纺织品品种的发展,纱线新产品也层出不穷。对于没有国家标准和行业标准的产品,要制定企业标准,如许多纱线新产品和企业的特色产品都在执行企业标准。

目前纱线的品质评定标准见表3—1。

表3-1　不同纱线的品质评定标准

序号	标准号	标准名称
1	GB/T 398—2008	棉本色纱线
2	GB/T 5324—2009	精梳涤棉混纺本色纱线
3	FZ/T 12001—2015	气流纺棉本色纱
4	FZ/T 12002—2006	精梳棉本色缝纫专用纱线
5	FZ/T 12003—2014	黏胶纤维本色纱线
6	FZ/T 12004—2015	涤纶与黏胶纤维混纺本色纱线
7	FZ/T 12005—2011	普梳涤与棉混纺本色纱线
8	FZ/T 12006—2011	精梳棉涤混纺本色纱线
9	FZ/T 12007—2014	普通棉维混纺本色纱线
10	FZ/T 12008—2014	维纶本色纱线
11	FZ/T 12009—2011	腈纶本色纱
12	FZ/T 12010—2011	棉氨纶包芯本色纱
13	FZ/T 12011—2014	棉腈混纺本色纱
14	FZ/T 12013—2014	莱赛尔纤维本色纱线
15	FZ/T 12014—2014	针织用棉色纺纱
16	FZ/T 12015—2016	精梳天然彩色棉纱线

续表

序号	标准号	标准名称
17	FZ/T 12016—2014	涤与棉混纺色纺纱
18	FZ/T 32005—2006	苎麻棉混纺本色纱线
19	FZ/T 63001—2014	涤纶本色缝纫用纱线
20	FZ/T 10007—2008	棉及化纤纯纺、混纺本色纱线检验规则
21	FZ/T 32004—2009	亚麻棉混纺本色纱线
22	FZ/T 71005—2014	针织用棉本色纱

在质量评价过程中,一般经过供需双方协商,可以采用某项产品标准作为纱线质量评定的依据,或者采用乌斯特统计值作为纱线质量的评价方法。

二、名词及术语

1. 棉纱线的线密度　棉纱线的线密度以1000m纱线在公定回潮率时的重量(g)表示,单位为特克斯(tex)。

2. 棉纱线的公定回潮率　棉纱线的公定回潮率为8.5%。

3. 棉纱线的标准重量

(1)100m棉纱线在公定回潮率时的标准重量(g),按下式计算:

$$m_g = \frac{Tt}{10}$$

式中:m_g——100m纱线在公定回潮率时的标准重量,g/100m;

　　　Tr——纱线线密度,tex。

(2)100m纱线的标准干燥重量(g),按下式计算:

$$m_d = \frac{Tt}{10.85}$$

式中:m_d——100m纱线的标准干燥重量,g/100m;

　　　Tt——纱线线密度,tex。

4. 单纱　由短纤维集束为一股连续纤维束捻合而成。

5. 股线　由两根或两根以上单纱合并加捻而成股线。

6. 复合股线　由两根或多根股线合并加捻成为复捻股线,如缆绳。

7. 花式捻线　由芯线、饰线和固纱捻合而成,具有各种不同的特殊结构性能和外观的,称为花式纱线。

8. 单丝纱　指长度很长的连续单根纤维,可直接用于织造。

9. 复丝纱　指两根或两根以上的单丝并合在一起。

10. 纯纺纱线　用一种纤维纺成的纱线统称为纯纺纱线,前面冠以纤维名称来命名。如棉纱线、毛纱线、黏胶纱线等。

11. 混纺纱线　用两种或两种以上的不同纤维混纺而成的纱线称为混纺纱线。

12. 精梳纱　是指通过精梳工序纺成的纱,包括精梳棉纱和精梳毛纱。纱中纤维平行伸直度高,条干均匀、光洁,但成本较高,纱支较高。

13. **粗梳纱** 也称粗梳毛纱或普梳棉纱，是指按一般的纺纱系统进行梳理，不经过精梳工序纺成的纱。

14. **捻度** 纱线加捻时，两个截面的相对回转数称为捻回数。纱线单位长度内的捻回数称为捻度。

15. **捻系数** 实际生产中常用捻系数来表示纱线加捻程度，它是根据纱线的捻度和特数（支数）计算而得到的。计算如下：

$$\alpha_t = T_t \sqrt{Tt}$$

式中：T_t——特数制捻度，捻/10cm；

  Tt——纱的线密度，tex；

  α_t——特数制捻系数。

16. **捻向** 捻向指纱线加捻的方向。是根据加捻后纤维在纱线中，或单纱在股线中的倾斜方向而定的，有 Z 捻和 S 捻之分。

17. **纱线毛羽** 短纤维纱中纤维的两端在加捻三角区中被挤在纱的外层，伸出基纱，就形成了毛羽。毛羽对纱线和织物的外观、手感有很大影响。

18. **毛羽指数** 单位长度纱线单侧面上投影长度大于设定值的毛羽累积根数，单位为根/米。

19. **纱线细度不匀** 指沿纱线长度方向的粗细不匀。它不仅会使纱线强力下降，在加工中增加断头、停台，而且影响机织物和针织物的外观，降低其耐穿或耐用性。

20. **纱线不匀变异系数（CV）** 又称离散系数，指均方差对平均数的百分比，而均方差是指各数据与平均值之差的平方的平均数之平方根。

21. **棉结** 棉结是由棉纤维、未成熟棉或僵棉因轧花或纺纱过程中处理不善集结而成的。

22. **杂质** 杂质是附有或不附有纤维（或绒毛）的籽屑、碎枝杆、棉籽、软皮及麻草等杂物。

三、检测仪器与工具

根据纱线分等分级的项目指标，本项目所需要的主要检测仪器与工具有单纱强力试验仪、捻度仪、剪刀、乌斯特条干仪、计数式纱线毛羽测试仪、试验仪器为缕纱测长器、烘箱（附有天平和砝码一套）、摇黑板机、25cm×25cm 黑板十多块、纱线条干均匀度标准样照、浅蓝色底板纸、黑色压片、暗室、检验架及规定的灯光设备。试验样本为棉纱线。主要的检测仪器如图 3 – 1 所示。

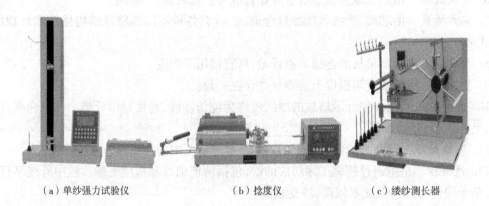

  （a）单纱强力试验仪   （b）捻度仪   （c）缕纱测长器

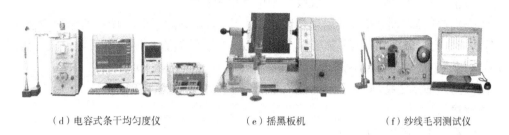

（d）电容式条干均匀度仪　　　　　（e）摇黑板机　　　　　　（f）纱线毛羽测试仪

图 3 - 1　棉纱检测用试验仪器

四、任务实施

（一）各项目检验

取样与试验条件：在工厂正常生产情况下，每昼夜三班做试验一次，并以一次试验结果为准。取样按规定的抽样方案进行。各项指标试验均是在温度20℃±2℃、相对湿度65%±2%的条件下进行。试验前需将试样在上述温湿度条件下，放置一定时间，使其达到平衡回潮率（相隔1h前后两次称重相差不超过0.1%），如试样原来回潮率过大，应先在50℃条件下去湿，然后在标准大气条件下平衡。

1. 单纱断裂强力测试

（1）预热仪器。测试前10min开启电源预热仪器，同时显示屏会显示测试参数。

（2）确定预张力。调湿试样为（0.5±0.1）cN/tex。

（3）设置参数。

①隔距。根据测试需要设置，一般采用500mm，伸长率大的试样采用250mm。

②拉伸速度。根据测试需要设置，一般情况下，500mm隔距时采用500mm/min速度，250mm隔距时采用250mm/min速度，允许更快的速度。

③按规定在预张力器上施加预张力（预张力器在测试前调准、备用）。

④输入其他参数。例如，次数、纱号等。

⑤选择测试需要的方法。例如，定速拉伸测试、定时拉伸测试、弹性回复率测试等。

（4）按"试验"键，进入测试状态。

（5）纱管放在纱管支架上，牵引纱线经导纱器进入上、下夹持器钳口后夹紧上夹持器。

（6）夹紧下夹持器，按"拉伸"开关，下夹持器下行，纱线断裂后，夹持器自动返回。

在试验过程中，检查钳口之间的试样滑移不能超过2mm，如果多次出现滑移现象，须更换夹持器或者钳口衬垫。舍弃出现滑移时的试验数据，并且舍弃纱线断裂点在距钳口或夹持器5mm以内的试验数据。

（7）重复步骤（4）～步骤（6），换纱、换管，继续拉伸，直至拉伸到设定次数，测试结束。

（8）打印出统计数据。测试完毕，关断电源。

2. 纱线捻度的测试　纱线捻度的测试方法很多，有直接计数法、退捻—加捻法、1/2退捻—加捻法、两重退捻—加捻法、三次退捻—加捻法、滑移法等。根据不同的对象选择不同的测试方法。

直接计数法是将试样在一定预张力的作用下，夹持在两个距离一定的夹头中，其中一个夹头可以绕试样轴线回转，用电动或手摇的方法使纱样按解捻的方向回转，纱样被解捻，直至捻度完全退完为止。此方法多用于长丝、股线或者捻度少的粗纱等的检验。

退捻—加捻法又称张力法,其原理是试样在一定的张力作用下,夹持在两个距离一定的夹头下解捻,待捻度解完后,继续回转,给试样加上方向相反、转数相同的捻回数。短纤维纱(包括转杯纱)用该方法进行捻度测试。

三次退捻—加捻法特别适用于转杯纱,也适用于强捻纱的捻度实验。

操作程序如下。

(1)调整试验模式和试验参数。

①试验方式为"退捻加捻法"。

②按纱线捻向,选择退捻方向。

③按表3-2调节好左、右纱夹之间距离(即试样长度)、预加张力及允许伸长限位。

(2)装夹试样。

(3)清零后,按相应的测试开关进行试验。当伸长指针离开零位又回到零位时仪器自停,记录捻回数,精确至1位小数。

(4)重复步骤(2)和(3),完成规定的测试次数。

注意:若从同一卷装中取多个试样,则各个试样之间至少有1m以上的间隔。

表3-2 退捻加捻法的试验参数

类　别	试样长度(mm)	预加张力(cN)	允许伸长限位(mm)
棉纱(包括混纺纱)	250	$0.8\sqrt{Tt}-1.4$	4.0
中长纤维纱	250	$0.3\times Tt$	2.5
精、粗梳毛纱(包括混纺纱)	250	$0.1\times Tt$	2.5
苎麻纱(包括混纺纱)	250	$0.2\times Tt$	2.5
绢丝纱	250	$0.3\times Tt$	2.5

3. 纱线条干测试

(1)参数设置。设置电容式条干均匀度测试仪的测试参数。

①测试槽号的选择。测试槽适用纱支范围见表3-3。

表3-3 测试槽适用纱支范围

试样	条子		粗纱	细纱	
槽号	1	2	3	4	5
千特	80～12.1	12.0～3.301	>3.30	—	—
特	—	12000～3301	3300～160.1	160～21.1	21.0～4.0
公支	—	<0.302	0.303～6.24	6.25～47.5	47.6～250
英支(棉)	<0.048	0.049～0.178	0.179～3.68	28.0～3.69	147.6～28.1
英支(毛)	0.011～0.073	0.074～0.267	0.268～5.53	5.54～42.1	42.2～221

②片段长度L_b和试样长度L_w的选择。L_b的取值范围因仪器种类而异,一般选择L_b为该范围的最小值,即正常试验挡,此时L_b等于测量槽电容极板的长度。

L_w 应根据测试分析的需要选择,见表3-4。

表3-4 推荐取样长度 L_w

内容 取样 试样	取样长度范围	常规试验	产品验收 仲裁试验	千米纱疵数	波谱分析
细纱	250~2000	400	1000	400~2000	2000
毛针织绒线	100~1000	250	500	—	—
粗纱	40~250	125	—	—	250
条子	20~250	50~100	—	—	250

③测试速度和时间的选择。按表3-5设定测试速度和时间。

表3-5 设定测试速度和时间

试样	测试速度(m/min)	测试时间(min)	试样	测试速度(m/min)	测试时间(min)
细纱	400	1	细纱/粗纱/条子	25	5~10
细纱	200	1~2.5	粗纱/条子	8	5~10
细纱	100	2.5	条子	4	5~10
细纱/粗纱	50	5			

④检测量程的选择。按表3-6选择测试量程。

表3-6 测试量程的选择

试样	CV值挡	量程	试样	CV值挡	量程
细纱	16.16	100%	条子	2.02	12.5%
粗纱	8.08	50%	条子	小于2.02	6.25%
条子	4.04	25%			

⑤预加张力的选择。施加在纱条上的预加张力应保证纱条的移动平稳且抖动尽量小。

(2)试验程序。

①仪器预热。打开电源开关,仪器首先进入操作系统,然后计算机自动进入测试系统,仪器预热20min。

②参数设置。

a. 选择合适试样类型,试样分为棉型和毛型两大类。

b. 选择合适的检测量程,该量程用于放大或缩小不匀曲线的幅值。

c. 测试速度和时间的设置。用以设置检测器罗拉牵引纱线的速度,测试所需的时间。

d. 依次输入测试所需的文件名、使用的单位名称、测试者姓名、线密度、锭号等内容。

③测试前准备。

a. 无料调零。在系统测试前必须先经过无料调零操作。首先确保传感器的测试槽为空,然后单击"调零"按钮,系统进入调零状态。若调零出错,系统弹出提示框提示调零错误,应检查测试槽及信号电缆,再进行调零;若调零正确,可进行下一步操作。

b. 张力调整。防止试样在经过测试槽时抖动而影响测量结果,测试前需调整检测分机上张力器的张力旋钮改变张力,使纱线在通过张力器到测试槽的过程中无明显的抖动。

c. 测试槽的选择。选择合适的测试槽。试样通过测试槽时,应该掌握以下原则:条子靠一边走,粗纱上左下右斜着走,细纱中间走。

④测试。

a. 引纱操作。按"启动"开关,罗拉开始转动。将纱线或条子从纱架上牵引入张力器中,然后通过选定的测试槽,再按下"罗拉分离"开关,罗拉脱开后将试样放入两个罗拉中间,放开开关,罗拉闭合。

b. 测试。待试样运行速度正常并确认纱线无明显抖动后,单击"开始"进入测试状态。当一组试样进行首次测试时,系统会自动调整信号均值点,以使曲线记录在合适的位置。单击"调零"进行调整均值,若调整有错,则显示"调均值出错",自动停止测试。调整均值后,界面的主窗口上、下部分别显示测试的不匀曲线、波谱图。界面底端显示相应的测试指标:CV值、细节、粗节、棉结等。

c. 删除功能。单次测试完成后,若发现测试的数据中存在错误,可选择"删除"功能删除已经测试的数据。

d. 终止测试。当整个测试批次结束后,系统退出当前的测试状态,单击"完成"终止当前的测试批次,显示统计值。测试完成后,各项参数中的测试按钮回复到起始状态。

4. 纱线毛羽测试　打开毛羽测试仪预热30min,设置测试参数,如毛羽设定长度(表3-7)、纱线片段长度、试验次数、测试速度、纱线品种、温湿度等设置。

表3-7　各种纱线毛羽设定长度

纱线种类	棉纱线及棉型型混纺纱线	毛纱线及毛型型混纺纱线	中长纤维纱线	绢纺纱线	苎麻纱线	亚麻纱线
毛羽设定长度(mm)	2	3	2	2	4	2

各种纱线测试速度一般规定为30m/min,在有关双方同意的情况下可选用其他速度。

(1)引纱操作。从纱管中引出的纱线,通过导纱轮、张力器并绕过上下两个定位轮定位,然后绕到输送纱线系统的绕纱器,准备试验。

(2)张力调整。顺时针转动仪器面板上的前张力器,调节预加张力,使纱线抖动尽可能小。张力的调整一般参考:毛纱线为(0.25 ± 0.025)cN/tex,其他纱线为(0.5 ± 0.1)cN/tex。

(3)启动仪器。为了使试验片段不含有表层及缠纱部分,要求每个纱管都要舍弃10m左右。启动仪器测试功能,绕纱器带动纱线以30m/min速度转动,仪器会显示测试数据信息,到设置参数仪器自停。根据仪器显示提示进行下一步。

(4)换管操作。第一个纱管做完试验后,换管重复以上操作。

5. 1g 内棉结杂质粒数检测

试验程序如下。

①摇取黑板。在摇黑板机上将纱以一定的密度(50mm宽度内绕20圈纱)均匀地摇在黑板

上,保证纱线在黑板上无明显间隙。

②将浅蓝色底板插入试样与黑板之间。如试样为色纱,特别是深色纱线时,可使用白色底板。

③将黑色压片(图3-2)压在试样上,压片上有5个长方形孔,长50mm,宽能容纳20根纱线。如试样为色纱,特别是深色纱线时,可使用白色压片。

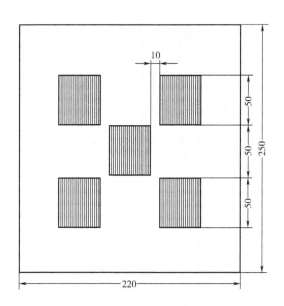

图3-2 检验棉结杂质用黑色压片示意图(单位:mm)

④计数1块黑板正反面每格内的棉结数和棉结杂质总数,按取样要求,共计数出10块黑板的棉结杂质总粒数。注意检验时要逐格检验,不得翻拨纱线,检验者的目光与纱线垂直。

⑤计算1g棉纱线内的棉结粒数、1g棉纱线内的棉结杂质总粒数。

$$1g 棉纱线内棉结粒数 = \frac{棉结粒数}{纱线线密度} \times 10$$

$$1g 棉纱线内棉结杂质总粒数 = \frac{棉结杂质总粒数}{纱线线密度} \times 10$$

6. 单纱和股线的线密度规定 单纱和股线的最后成品设计线密度应与其公称线密度相等。纺股线用的单纱设计线密度应保证股线的设计线密度与公称线密度相等。棉纱的公称线密度系列及其100m的标准重量见表3-8。双股棉线的公称线密度系列及其100m的标准重量见表3-9,三股棉线的公称线密度系列及其100m的标准重量见表3-10。

表3-8 棉纱的公称线密度系列及其100m的标准重量

公称线密度系列(tex)	标准干燥重量(g/100m)	公定回潮率为8.5%时的标准重量(g/100m)	公称线密度系列(tex)	标准干燥重量(g/100m)	公定回潮率为8.5%时的标准重量(g/100m)
4	0.369	0.400	5.5	0.507	0.550
4.5	0.415	0.450	6	0.553	0.600
5	0.461	0.500	6.5	0.599	0.650

公称线密度系列 （tex）	标准干燥重量 （g/100m）	公定回潮率为 8.5%时的标准 重量（g/100m）	公称线密度系列 （tex）	标准干燥重量 （g/100m）	公定回潮率为 8.5%时的标准 重量（g/100m）
7	0.645	0.700	29	2.673	2.900
7.5	0.691	0.750	30	2.765	3.000
8	0.737	0.800	32	2.949	3.200
8.5	0.783	0.850	34	3.134	3.400
9	0.829	0.900	36	3.318	3.600
9.5	0.876	0.950	38	3.502	3.800
10	0.922	1.000	40	3.687	4.000
11	1.014	1.100	42	3.871	4.200
12	1.106	1.200	44	4.055	4.400
13	1.198	1.300	46	4.240	4.600
14	1.290	1.400	48	4.424	4.800
(14.5)	1.336	1.450	50	4.608	5.000
15	1.382	1.500	52	4.793	5.200
16	1.475	1.600	54	4.977	5.400
17	1.567	1.700	56	5.161	5.600
18	1.659	1.800	58	5.346	5.800
19	1.751	1.900	60	5.530	6.000
(19.5)	1.797	1.950	64	5.899	6.400
20	1.843	2.000	68	6.267	6.800
21	1.935	2.100	72	6.636	7.200
22	2.028	2.200	76	7.005	7.600
23	2.120	2.300	80	7.373	8.000
24	2.212	2.400	88	8.111	8.800
25	2.304	2.500	96	8.848	9.600
26	2.396	2.600	120	11.060	12.000
27	2.488	2.700	144	13.272	14.400
28	2.581	2.800	192	17.696	19.200

表 3-9　双股棉线的公称线密度系列及其 100m 的标准重量

公称线密度系列 （tex）	标准干燥重量 （g/100m）	公定回潮率为 8.5%时的标准 重量（g/100m）	公称线密度系列 （tex）	标准干燥重量 （g/100m）	公定回潮率为 8.5%时的标准 重量（g/100m）
4×2	0.737	0.800	5.5×2	1.014	1.100
4.5×2	0.829	0.900	6×2	1.106	1.200
5×2	0.922	1.000	6.5×2	1.198	1.300

续表

公称线密度系列 （tex）	标准干燥重量 （g/100m）	公定回潮率为 8.5%时的标准 重量（g/100m）	公称线密度系列 （tex）	标准干燥重量 （g/100m）	公定回潮率为 8.5%时的标准 重量（g/100m）
7×2	1.290	1.400	27×2	4.977	5.400
7.5×2	1.382	1.500	28×2	5.161	5.600
8×2	1.475	1.600	29×2	5.346	6.000
8.5×2	1.567	1.700	30×2	5.530	6.400
9×2	1.659	1.800	32×2	5.899	6.800
9.5×2	1.751	1.900	34×2	6.267	7.200
10×2	1.843	2.000	36×2	6.636	7.600
11×2	2.028	2.200	38×2	7.005	8.000
12×2	2.212	2.400	40×2	7.373	8.400
13×2	2.396	2.600	42×2	7.742	8.800
14×2	2.581	2.800	44×2	8.111	9.200
(14.5×2)	2.673	2.900	46×2	8.479	9.600
15×2	2.765	3.000	48×2	8.848	10.000
16×2	2.949	3.200	50×2	9.271	10.400
17×2	3.134	3.400	52×2	9.585	10.800
18×2	3.318	3.600	54×2	9.954	11.200
19×2	3.520	3.800	56×2	10.323	11.600
(19.5×2)	3.594	3.900	58×2	10.691	12.000
20×2	3.687	4.000	60×2	11.060	12.800
21×2	3.871	4.200	64×2	11.797	13.600
22×2	4.055	4.400	68×2	12.535	14.400
23×2	4.240	4.600	72×2	13.372	15.200
24×2	4.424	4.800	76×2	14.009	16.000
25×2	4.608	5.000	80×2	14.747	
26×2	4.793	5.200			

表3-10 三股棉线的公称线密度系列及其100m的标准重量

公称线密度系列 （tex）	标准干燥重量 （g/100m）	公定回潮率为 8.5%时的标准 重量（g/100m）	公称线密度系列 （tex）	标准干燥重量 （g/100m）	公定回潮率为 8.5%时的标准 重量（g/100m）
4×3	1.106	1.200	6.5×3	1.797	1.950
4.5×3	1.244	1.350	7×3	1.935	2.100
5×3	1.382	1.500	7.5×3	2.704	2.250
5.5×3	1.521	1.650	8×3	2.212	2.400
6×3	1.659	1.800	8.5×3	2.350	2.550

公称线密度系列 （tex）	标准干燥重量 （g/100m）	公定回潮率为 8.5%时的标准 重量（g/100m）	公称线密度系列 （tex）	标准干燥重量 （g/100m）	公定回潮率为 8.5%时的标准 重量（g/100m）
17×3	4.700	5.100	13×3	3.594	3.900
18×3	4.977	5.400	14×3	3.871	4.200
19×3	5.253	5.700	14.5×3	4.009	4.350
19.5×3	5.392	5.850	15×3	4.417	4.500
20×3	5.530	6.000	16×3	4.424	4.800
21×3	5.806	6.300	24×3	6.636	7.200
22×3	6.083	6.600	25×3	6.192	7.500
23×3	6.359	6.900	26×3	7.189	7.800
9×3	2.488	2.700	27×3	7.465	8.100
9.5×3	2.627	2.850	28×3	7.742	8.400
10×3	2.765	3.000	29×3	8.018	8.700
11×3	3.041	3.300	30×3	8.295	9.000
12×3	3.318	3.600			

7. 分等规定

（1）棉纱线规定以同品种一昼夜的生产量为一批，按规定的试验周期和各项试验方法进行试验，并按其结果评定棉纱线的品等。

（2）棉纱线的品等分为优等、一等、二等，低于二等指标者作三等。

（3）棉纱的品等由单纱断裂强力变异系数、百米重量变异系数、单纱断裂强度、百米重量偏差、条干均匀度、1g内棉结粒数、1g内棉结杂质总粒数、10万米纱疵八项中最低的一项评定。

（4）棉线的品等由单线断裂强力变异系数、百米重量变异系数、单线断裂强度、百米重量偏差、1g内棉结粒数及1g内棉结杂质总粒数六项中最低的一项品等评定。

（5）检验单纱条干均匀度可以选用黑板条干均匀度或条干均匀度变异系数两者中的任何一种。但一经确定，不得任意变更。发生质量争议时，以条干均匀度变异系数为准。

思考题

1. 棉本色纱的评级指标有哪些，如何取样？

2. 单纱和股线的规格如何表示，请举例说明。

模块四　织物质量标准与检测

项目一　织物外观质量标准与检测

任务一　布面疵点检验

一、任务引入

布面疵点属于织物外观质量,参考标准为 GB/T 17759—2009《本色布布面疵点检验方法》,检验时布面上的照明光度为 400lx ± 100lx。布面疵点评分以布的正面为准,平纹织物和山形斜纹织物,以交班印一面为正面,斜纹织物中纱织物以左斜为正面,线织物以右斜为正面,破损性疵点以严重一面为正面。

二、名词及术语

1. 竹节　纱线上短片段的粗节。
2. 粗经　直径偏粗,长 5cm 及以上的经纱织入布内[图 4 – 1(a)]。
3. 错线密度　线密度用错工艺标准。
4. 综穿错　没有按工艺要求穿综,而造成布面组织错乱。
5. 筘路　织物经向呈现条状稀密不匀。
6. 筘穿错　没有按工艺要求穿箱,造成布面上经纱排列不匀。
7. 多股经　两根以上单纱合股者。
8. 双经　单纱(线)织物中有两根经纱并列织入。
9. 并线松紧　单纱加捻为股线时张力不匀。
10. 松经　部分经纱张力松弛织入布内。
11. 紧经　部分经纱捻度过大。
12. 吊经　部分经纱在织物中张力过大。
13. 经缩波纹　部分经纱受意外张力后松弛,使织物表面呈波纹状起伏不平。
14. 断经　织物内经纱断缺。
15. 断疵　经纱断头纱尾织入布内[图 4 – 1(b)]。
16. 沉纱　由于提综不良,造成经纱浮在布面。
17. 星跳　1 根经纱或纬纱跳过 2 ~ 4 根形成星点状的。
18. 跳纱　1 ~ 2 根经纱或纬纱跳过 5 根及以上的疵点。
19. 棉球　纱线上的纤维呈球状。
20. 结头　影响后工序质量的结头。

21. 边撑疵　边撑或刺毛辊使织物中纱线起毛或轧断。

22. 拖纱　拖在布面或布边上的未剪去纱头[图4-1(c)]。

23. 修正不良　布面被刮起毛,起皱不平,经、纬纱交叉不匀或只修不整。

24. 错纤维　异纤维纱线织入。

25. 油渍　织物沾油后留下的痕迹。

26. 油经　经纱沾油后留下的痕迹。

27. 锈经　被锈渍沾污的经纱痕迹。

28. 锈渍　织物沾锈后留下的痕迹。

29. 不褪色色经　被沾污而洗不清的有色经纱。

30. 不褪色色渍　被沾污洗不清的污渍。

31. 水渍　织物沾水后留下的痕迹。

32. 污渍　织物沾污后留下的痕迹。

33. 浆斑　浆块附着布面影响织物组织而导致的疵点。

34. 布开花　异纤维或色纤维混入纱线中织入布内。

35. 油花纱　在纺纱过程中沾污油渍的纤维附入纱线。

36. 猫耳朵　凸出布边0.5cm及以上。

37. 凹边　凹进布面0.5cm及以上。

38. 烂边　边组织内单断纬纱,一处断3根及以上的。

39. 花经　由于配棉成分变化,使布面色泽不同。

40. 长条影　由于不同批次纱的混入或其他因素,造成布经向间隔的条痕。

41. 极光　由于机械造成布面摩擦而留下的痕迹。

42. 针路　由于点啄式断纬自停装置不良,造成经向密集的针痕。

43. 磨痕　布面经向形成一直条的痕迹。

44. 绞边不良　因绞边装置不良或绞边纱张力不匀,造成2根及以上绞边纱不交织或交织不良。

45. 错纬　直径偏粗、偏细长5cm及以上的纬纱、紧捻、松捻纱织入布内。

46. 条干不匀　指叠起来看前后都能与正常纱线明显划分得开的较差的纬纱条干。

47. 脱纬　一梭口内有3根及以上的纬纱织入布内(包括连续双纬和长5cm及以上的纬缩)。

48. 双纬　单纬织物一梭口内有两根纬纱织入布内。

49. 纬缩　纬纱扭结织入布内或起圈现于布面(包括经纱起圈及松纬缩三楞起算)。

50. 毛边　由于边剪作用不良或其他原因,使纬纱不正常被带入织物内(包括距边5cm以下的双纬和脱纬)。

51. 云织　纬纱密度稀密相间呈规律性的段稀段密。

52. 杂物　飞花、回丝、油花、皮质、木质、金属(包括瓷器)等杂物织入。

53. 花纬　由于配棉成分或陈旧的纬纱,使布面色泽不同,且有1~2条分界线。

54. 油纬　纬纱沾油或被污染。

55. 锈纬　被锈渍沾污的纬纱痕迹。

56. 不褪色色纬　被沾污而洗不净的有色纬纱。

57. **煤灰纱** 被空气中煤灰污染的纱(单层检验为准,对深色油卡)。

58. **百脚** 斜纹或缎纹织物一个完全组织内缺 1~2 根纬纱(包括多头百脚)。

59. **开车经缩(印)** 开车时,部分经纱受意外张力后松弛,使织物表面呈现块状或条状的起伏不平开车痕迹。

60. **拆痕** 拆布后,布面上留下的起毛痕迹和布面揩浆抹水。

61. **稀纬** 经向 1cm 内少 2 根纬纱(横贡织物稀纬少 2 根作 1 根计)。

62. **密路** 经向 0.5cm 内纬密多 25% 以上(纬纱紧度 40% 以下多 20% 及以上的)。

63. **破洞** 3 根及以上经纬纱共断或单断经、纬纱(包括隔开 1~2 根好纱的),经纬纱起圈高出布面 0.3cm,反面形似破洞[图 4-1(d)]。

64. **豁边** 边组织内 3 根及以上经、纬纱共断或单断经纱(包括隔开 1~2 根好纱)。双边纱 2 根作 1 根计,3 根及以上的有 1 根算 1 根。

65. **跳花** 3 根及以上的经、纬纱相互脱离组织,包括隔开一个完全组织。

66. **稀弄** 纬密少于工艺标准较大,呈"弄"现象。

67. **不对接轧梭** 轧梭后的经纱未经对接。

68. **霉斑** 受潮后布面出现霉点(斑)。

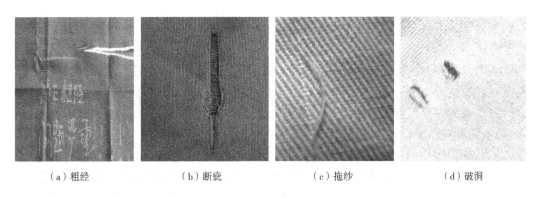

（a）粗经　　　　　　（b）断疵　　　　　　（c）拖纱　　　　　　（d）破洞

图 4-1　织物疵点

三、任务实施

(一)检测仪器与工具

本任务主要是利用验布机(图 4-2)来实施,对布面疵点进行评分。

图 4-2　验布机

(二)布面疵点评分规定

1m中累计评分最多评4分,具体见表4-1。

表4-1 布面疵点评分

疵点分类		评分数			
		1	2	3	4
经向明显疵点		8cm及以下	8~16cm	16~24cm	24~100cm
纬向明显疵点		8cm及以下	8~16cm	16~24cm	24cm以上
横档		—	—	半幅及以下	半幅以上
严重疵点	根数评分	—	—	3根	4根及以上
	长度评分	—	—	1cm以下	1cm及以上

(三)布面疵点的量计

1. 疵点长度 以经向或纬向最大长度量计。

2. 经向明显疵点及严重疵点 该类疵点的长度超过1m的,其超过部分按表4-1再行评分。

3. 断续疵点 在一条内断续发生的疵点,在经(纬)向8cm内有2个及以上的疵点,则按连续长度评分。

4. 共断或并列 这类疵点包括正反面,是包括1根或2根好纱,隔3根以上的不作共断或并列(斜纹、缎纹织物以间隔一个完全组织及以内作共断或并列处理)。

(四)疵点的评分起点和规定

(1)有两种疵点混合在一起,以严重一项评分。

(2)边组织及距边1cm内的疵点(包括边组织)不评分,但毛边、拖纱、猫耳朵、凹边、烂边、豁边、深油绣疵及评4分的破洞、跳花要评分,如疵点延伸在距边1cm以外时应加和评分。无梭织造布布边,绞边的毛须伸出长度规定0.3~0.8cm。边组织有特殊要求的则按要求评分。

(3)布面拖纱长1cm以上每根评2分,布边拖纱长2cm以上的每根评1分(一进一出做一根计)。

(4)0.3cm以下的杂物每个评1分,0.3cm及以上杂物,评4分(测量杂物粗度)。

(五)加工坯中疵点的评分

(1)水渍、污渍,不影响组织的浆癍不评分。

(2)漂白坯中的筘路、筘穿错、密路、拆痕、云织减半评分。

(3)印花坯中的星跳、密路、条干不匀、双经减半评分、筘路、筘穿错、长条影、浅油疵、单根双纬、云织、轻微针路、煤灰纱、花经、花纬不评分。

(4)杂色坯不洗油的浅色油疵和油花纱不评分。

(5)深色坯油疵、油花纱、煤灰纱、不褪色色疵不洗不评分。

(6)加工坯距布头5cm内的疵点不评分(但六大疵点应开剪)。

(六)对疵点处理的规定

(1)0.5cm以上的豁边,1cm及以上的破洞、烂边、稀弄,不对接轧梭,2cm以上的跳花等六大疵点,应在织布厂剪去。

（2）金属杂物织入，应在织布厂拆除。

（3）凡在织布厂能修好的疵点应修好后出厂。

（七）假开剪和拼件的规定

（1）假开剪的疵点应是评为4分或3分的不可修织的疵点，假开剪后各段布都应是一等品。

（2）凡用户允许假开剪或拼件的，可实行假开剪和拼件。假开剪和拼件按二联匹不允许超过两处，三联匹及以上不允许超过三处。

（3）假开剪和拼件率合计不允许超过20%，其中拼件率不允许超过10%，另有规定按双方协议执行。

（4）假开剪布应作明显标记，假开剪布应另行成包，包内附假开剪段长记录单，外包注明"假开剪"字样。

任务二 织物的悬垂性测试

一、任务引入

织物的悬垂性是指织物因自重而下垂的性能。它是织物视觉形态风格和美学舒适性的重要内容之一，涉及织物使用时能否形成优美的曲面造型和良好的贴身性。

悬垂性应该用悬垂程度和悬垂形态两类指标表示。悬垂程度指织物在自重作用下，其自由边界下垂的程度。通常用悬垂系数 F 表示。悬垂形态是将织物试样悬垂曲面的自由边界展开成波纹曲线，通过计算机专用软件自动算出反映织物悬垂形态的指标——波长不匀率系数、波高不匀率系数、波宽不匀率系数及波纹曲面凸条系数等。此外，对织物悬垂形态的研究已经从静态扩展到动态，使所提取的悬垂指标能更好地反映服装或织物在使用中的动态美。该法适用于不透光的织物。参考标准为 GB/T 23329—2009《纺织品 织物悬垂性的测定》。

二、名词及术语

1. **悬垂性** 已知尺寸的圆形织物试样在规定条件下悬垂时的变形能力。

2. **悬垂系数** 试样下垂部分的投影面积与原面积之比的百分率。该值越大，悬垂性越差。

三、任务实施

（一）仪器及工具

本任务使用的仪器是织物动态悬垂性风格仪，如图4-3所示，除此以外还要准备剪刀及不同品种的代表性织物若干块。

（二）测试方法

1. 纸杯法

（1）取织物试样一块，用剪刀裁取圆形试样。

（2）剪取与试样大小相同的制图纸，在天平上称重。

（3）将圆形试样放在小圆盘上，使试样的

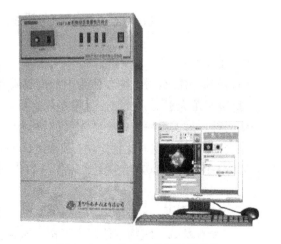

图4-3 织物动态悬垂性风格仪

中心与小圆盘中心对准,并用圆形盖板压住。

(4)打开电灯,并校正其高度,在不使试样产生虚影的条件下将电灯固定。

(5)在试样下放好制图纸,用铅笔将投影的图形绘下来,然后剪下图形,再次称重,并按公式计算悬垂系数。

(6)实验室采用自制设备测定悬垂系数时,图形试样尺寸在实验时按具体规定。如果采用YG 81 型织物悬垂性测定仪时,试样夹持盘直径为 12cm,而裁取的圆形试样直径为 24cm。

(7)试验结果计算。织物悬垂系数按下式计算:

$$F = \frac{G_2 - G_3}{G_1 - G_3} \times 100 \%$$

式中:G_1——与试样相同大小的纸重,mg;

G_2——与试样投影图相同大小的纸重,mg;

G_3——与夹持盘相同大小的纸重,mg;

2. 图像处理法

(1)在数码相机和计算机连接状态下,开启计算机评估软件进入检测状态。

(2)打开照明灯光源,使数码相机处于捕捉试样影像状态,必要时以夹持盘定位。

(3)以柱为中心调整图像至居中位置。

(4)将白色片材放在仪器的投影部位。

(5)将试样 a 面朝上,放在夹持盘上,让定位柱穿过试样的中心,立即将上夹持盘放在试样上,其定位柱穿过中心孔,并迅速盖好仪器透明盖。

(6)从上夹持盘放到试样上起,就开始用秒表计时,30s 后,即用数码相机拍下试样的投影图像。

(7)用计算机处理软件得到悬垂系数、悬垂波数、最大波幅、最小波幅及平均波幅等试验参数。

(8)对同一个试样的 b 面朝上进行试验,重复上述步骤。

(9)在一个样品上至少取 3 个试样,对每个试样的正反面均进行试验,由此对一个样品至少进行 6 次上述操作。

任务三　织物的折皱回复性及免烫性测试

一、任务引入

织物的抗皱性是指织物在使用中抵抗起皱和折皱复原的性能。对于外衣面料,特别是西服面料,抗皱性尤为重要。抗皱性通常是测定反映织物折皱回复能力的折皱回复角,有垂直法与水平法两种。为了反映织物经洗涤后的抗皱性(通称洗可穿性),可采用拧绞法、落水变形法、洗衣机洗涤法,并采用对比评定法(试样之间对比或试样与标准样照对比)进行评级。参考标准为 GB/T 18863—2002《免烫纺织品》、AATCC 66—2003《机织物折皱回复性和测定:回复角》。

二、名词及术语

1. 织物抗皱性　织物在使用中抵抗起皱和折皱复原的性能。

2. 耐久压烫性能　经整理的纺织品,其形态稳定性有了明显的提高,在服用过程中,经家庭洗涤和干燥后,不经熨烫(要求时仅需轻烫),仍能满足日常生活所需要的外观平整度、褶裥外观、接缝外观和尺寸稳定性的性能。

3. 防缩抗皱纺织品 经 5 次洗涤干燥循环试验后,仍具有防缩抗皱性能的纺织品。

三、任务实施

(一)仪器及工具

本项目使用的仪器主要有测试织物折皱回复性的折皱弹性仪和测试织物免烫性的全自动织物缩水试验机(图 4-4),除此以外,还有钢板尺、剪刀、缝线、织物、自动烘干机、调湿平铺网架、滴干或挂干架、标准参考洗衣粉、不灭标记笔等。

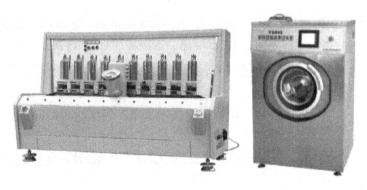

(a)织物折皱弹性仪   (b)全自动织物缩水试验机

图 4-4 织物折皱回复性及免烫性测试仪器

(二)织物折皱回复性测试

测试原理是将凸形试样在规定压力下折叠一定时间,释压后让折痕回复一定时间,测量折痕回复角(垂直法的折痕线与水平面垂直,水平法的折痕线与水平面平行)。

1. 样品与试样 按有关规定(标准或协议)随机抽取样品。对于新近加工的织物或刚经后整理的织物,在室内至少存放 6 天后才可取样。样品上不得存在明显折痕和影响试验结果的疵点。

每个样品至少裁剪 20 个试样(经、纬向各 10 个),测试时,每个方向的正面对折和反面对折各 5 个。日常试验可测试样正面,即经、纬向正面对折各 5 个。

垂直法的试样形状和尺寸如图 4-5 所示。

2. 调湿及试验用大气 试样的预调湿按标准规定进行,若测试是在高温高湿大气下进行(35℃ ±20℃ ,90% ±2%),试样可不进行预调湿。调湿和试验在二级标准大气下进行,调湿时间为 24h(经调湿后的试样在以后的操作中不可用手触摸)。

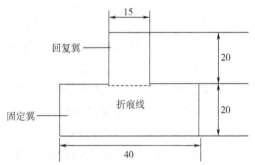

图 4-5 垂直法抗皱性试样的形状
及尺寸(单位:mm)

试样回复翼的尺寸:长为 20mm,宽为 15mm。

3. 试验步骤

（1）打开总电源开关，仪器指示灯亮。按仪器开关按钮，光源灯亮。将试验翻板推倒，贴在小电磁铁上，此时翻板处在水平位置。

（2）将剪好的试样，按五经、五纬的顺序，将试样的固定翼装入夹内，使试样的折叠线与试样夹的折叠标记线重合，再用手柄沿折叠线对折试样（不要在折叠处施加任何压力），然后将对折好的试样放在透明压板上。

（3）按下工作按钮，电动机启动。此时10只重锤每隔15s按程序压在每只试样翻板的透明压板上，加压重量为10N。

（4）当试样承压时间即将达到规定的时间5min±5s时，仪器发出报警声，提示已做好测量试样回复角的准备工作。

（5）加压时间一到，投影仪灯亮，试样翻板依次释重后抬起。此时应迅速将投影仪移至第一只翻板位置上，用测角装置依次测量10只试样的急弹性回复角，读数一定要等相应的指示灯亮时才能记录，读至临近1°。如果回复翼有轻微的卷曲或扭转，以其根部挺直部位的中心线为基准。

（6）再过5min，按同样方法测量试样的缓弹性回复角。当仪器左侧的指示灯亮时，说明第一次试验完成。

4. 结果计算　分别计算以下各向折痕回复角的算术平均值，计算至小数点后一位，修约至整数位。

（1）经向（纵向）折痕回复角，包括正面对折和反面对折。

（2）纬向（横向）折痕回复角，包括正面对折和反面对折。

（3）总折痕回复角，用经、纬向折痕回复角算术平均值之和表示。

（4）必要时，可测量和计算各自的缓弹性折痕回复角。

（三）织物免烫性测试

织物免烫性是指织物经洗涤后，不经熨烫而保持平整、形状稳定的性能，又称"洗可穿"性。织物免烫性的测试是将试样先按一定的洗涤方法处理，干燥后，根据试样表面皱痕状态，与标准样照对比，分级评定。指标为平挺度，以1~5级表示。1级最差，5级最好。

按洗涤处理的方法不同，可分为以下三种测试方法。

1. 拧绞法　在一定张力下对浸渍后的试样进行拧绞，释放后，对比样照评定。

2. 落水变形法　将试样在一定温度下放入按要求配制的溶液中浸渍，一定时间后，用手执住两角，在水中轻轻摆动后提出水面，再放入水中，如此反复数次后，悬挂晾干至与原重相差±2%时，对比样照评定。此法用于精梳毛织物及毛型化纤织物中。

3. 洗衣机洗涤法　按规定条件在洗衣机内洗涤，干燥后，对比样照评定。对评定服装用织物的"洗可穿"特性来说，洗衣机洗涤法较接近实际穿着。根据洗涤液不同，洗涤法可分为两种：一种方法是水洗，是用水和肥皂以及漂白助剂对纺织品的污物进行清洗；另一种方法是干洗，在专用洗衣机中，将纺织品浸入油及清洁剂等有机溶剂中进行反复搅动，从而将纺织品中的污渍去除。按照标准进行洗涤后再对照样照进行评级，标准对织物免烫的技术要求见表4-2。

表4-2 纤维素纤维及其混纺交织免烫纺织品技术要求

	质量指标	标准值	备注
免烫	洗涤干燥后外观平整度	≥3.5 级	洗涤干燥5次后评定
	洗涤干燥后接缝外观	≥3 级	
	洗涤干燥后褶裥外观	≥3 级	
	水洗尺寸变化率	-3% ~3%	服装标准有规定的,按服装标准执行
物理性能	洗涤前断裂强力	详见表2	仅对机织物
	洗涤前撕破强力		
	洗涤前顶破强力	详见表2	仅对针织物

任务四　织物抗起毛起球测试

一、任务引入

织物在服用过程中,不断受到各种外力的作用,使织物表面的绒毛或单丝逐渐被拉出,当毛绒的高度和密度达到一定值时,外力摩擦的继续作用使毛绒纠缠成球,并凸起在织物表面,这种现象称为织物的起毛起球(图4-6)。织物起球会恶化织物外观,降低其服用性能。因此,在设计织物、选择服装面料或监控织物质量时都应重视织物的抗起球性。

织物起球试验仪器有多种,其设计原理都是以织物实际穿着过程中的起球现象作为模拟依据,国家标准 GB/T 4802—2008 中规定了3种织物起球试验方法:即圆轨迹法、马丁代尔法、起球箱法。这三种方法在试样尺寸、受力方式、加压及摩擦时间等方面有一定差异,可根据织物品种加以选择。本任务主要介绍圆轨迹法。参考标准为 GB/T 4802.1—2008《纺织品　织物起毛起球性能的测定　第一部分:圆轨迹法》。

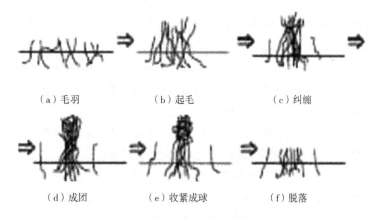

(a)毛羽　　　　　(b)起毛　　　　　(c)纠缠

(d)成团　　　　　(e)收紧成球　　　　　(f)脱落

图4-6 织物起毛起球过程

二、名词及术语

1. **起毛** 织物表面纤维凸出或纤维端伸出形成毛绒所产生的明显表面变化。此种变化可能发生在水洗、干洗、穿着或使用过程中。

2. 起球　织物表面产生毛球的过程。

3. 毛球　纤维缠结形成凸出于织物表面,致密的且光线不能透过并可产生投影的球。

三、任务实施

(一)使用仪器及工具

本任务主要介绍圆轨迹法(该法适用于各种纺织织物),使用的主要仪器是织物起毛起球仪,如图4-7所示。原理是在一定条件下,先用尼龙刷使织物试样起毛,而后用织物磨料使试样起球,再将起球后的试样与标准样照对比,评定其起球等级。该仪器的试样夹头与磨台质点相对运动轨迹为圆,相对运动速度为(60 ± 1)r/min,试样夹环内径为(90 ± 0.5)mm,夹头对试样的压力可调,仪器有自动记数和自停装置。除此以外,还包括磨料、泡沫塑料垫片、起球标准样照、评级箱等辅助材料及工具,具体要求如下。

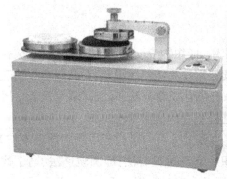

图4-7　织物起毛起球仪及评级样照

1. 磨料

(1)尼龙丝直径为0.3mm,植丝孔径为4.5mm,每孔尼龙丝为150根,孔距为7mm,刷面要平齐,刷上有调节板,可调节尼龙丝有效高度(每次调节以1mm为限),以控制起毛效果。使用新尼龙刷时,必须经过一定次数的预磨,并用参考织物校核。

(2)织物磨料。2201全毛华达呢,$19.6tex \times 2$,密度445根/10cm × 224根/10cm,定量$305g/m^2$,二上二下斜纹。织物磨料应定期校验,若新旧织物磨料对同一试样的起球级数相差半级以上,应弃旧更新,新磨料也应进行预磨。

2. 泡沫塑料垫片　定量约$270g/m^2$,厚约8mm,直径约105mm。为延长垫片使用寿命,每次用毕,必须取下垫布。如发现老化、破损或变形,应立即更换。

3. 起球标准样照　针织物和机织物有不同样照。样照为5级制,1级最差,5级最好。

4. 评级箱　提供一定条件的照明,用对比法评级时,一定要在评级箱内进行。上装2支30W日光灯,四周内壁衬以黑板,日光灯至试样板垂直距离为30cm,试样板角度可调。

(二)试样

直径为(113 ± 0.5)mm的试样5块,可用裁样器或模板剪切裁取。取样应距布边10cm以上,试样上不得有影响试验结果的疵点。

试样应摊放在标准大气条件下调湿48h,并在该大气下试验。

（三）试验步骤

（1）检查仪器，清洁尼龙刷。分别将泡沫塑料片、磨料装在磨台上。

（2）将试样装入夹环内，试样正面必须朝外。

（3）调节试验参数（压力及摩擦转数），织物起球试验参数见表4-3。

表4-3 织物起球试验参数

样品类型	压力（cN）	起毛次数	起球次数
化纤针织物	590	150	150
化纤机织物	590	50	50
军需服（精梳混纺）	490	30	50
精梳毛织物	780	0	600
粗梳毛织物	490	0	50

（4）翻动试样夹头，使试样压在磨料上，按启动开关，开始试验，到一定摩擦次数后，仪器自停。

（5）取下试样，在评级箱内将试样上的毛球大小、数量、形态等与标准样照对比，评定每块试样的起球等级，精确至0.5级。

（四）结果计算与说明

计算5个试样等级的算术平均数，修约至邻近的0.5级。需要时，可用文字加以说明。

思考题

1. 织物折皱回复性测试的方法及原理是什么？ 评价的指标是什么？

2. 分析织物起毛起球机理及织物起毛起球的影响因素。

项目二 织物舒适性测试标准及检测

任务一 透气性测试标准及检测

一、任务引入

织物透过空气的能力对服装面料有重要意义。冬令外衣织物需要防风保温，应具有较小的透气性。夏令服装面料应有良好的透气性，以获得凉爽感。对于某些特殊用途的织物，如降落伞、船帆、服用涂层面料及宇航服等，有特定的透气要求。织物透气性决定于织物的经纬纱线间以及纤维间空隙数量与大小，亦即与经纬密度、经纬纱线特数、纱线捻度因素有关，此外，还与纤维性质、纱线结构、织物厚度和体积重量等因素有关。本任务的参考标准为GB/T 5453—1997。

二、名词及术语

1. **透气性** 空气透过织物的性能，以在规定的试验面积、压降和时间条件下，气流垂直通

图4-8 织物透气仪

过试样的速度表示。

2. **透气量** 即在织物两侧压力差为100Pa的条件下,每平方米织物每秒钟可通过多少升的空气量。单位是$L/m^2 \cdot s$。

三、任务实施

(一)仪器及工具

本任务使用的仪器是织物透气仪(图4-8)。在规定的压差下,测定单位时间内垂直通过试样的空气流量,推算织物的透气性。本任务是通过测定流量孔径两面的压差,查表得到织物的透气性。当流量孔径大小一定时,其压差越大,单位时间流过的空气量也越大;当流量孔径大小不同时,同样的压力差所对应的空气流量不同,流量孔径越大,同样的压力差所对应的空气流量越大。为了适应测定不同透气性的织物,备有一套大小不同的流量孔径,供选择使用。

(二)测试过程

不同的型号操作略有不同,现以YG 461 E型为例介绍整个操作过程。该测试仪器共有七个按键,分别为电源、设定、数值加值(▲)、数值减值(▼)、工作、打印、透气率/量切换。具体的操作步骤如下。

1. **日期的设置** 当按下"设定"键超过2s以上进入日期设置状态,此时,年位数码管字段显示闪烁,这时候可以按"▲""▼"键使数字加1或减1。继续按一次"设定"键(小于2s),年位数码管字段变为常亮,同时显示月份的字段闪烁,按"▲""▼"键使月份加1或减1。继续按一次"设定"键(小于2s)分别对日、小时、分钟进行设置。操作方法同上。再次按下"设定"键超过2s以上退出日期设置状态。

2. **测试参数的设置** 在初始状态下按"设定"键(小于2s),进入设置状态,压差字段显示闪烁。这时按"透气率/量切换"键选择测量透气率(透气率指示灯亮)或者透气量(透气量指示灯亮)。

透气率/量选定后。按"▲""▼"键进行测试压差的设置。按"▲"键使测试压差加1,按"▼"键使测试压差减10(在选择测试透气量时,按"▼"键使测试压差减1)。在测试透气量时,显示压差单位为13mm水柱(H_2O)。在测试透气率时显示压差单位为帕斯卡(Pa)。(定压值最大为300Pa,或30mm H_2O。)

测试压差设置完成后,按"设定"键,显示测试面积的数码管闪烁。按"▲""▼"键进行测试面积的选择。如果前面选择的是测试透气率,这时就有四种选择,分别是$5cm^2$、$20cm^2$、$50cm^2$、$100cm^2$;如果前面选择的是测试透气量,这时就有两种选择,分别为$\phi50mm$和$\phi70mm$。

测试面积选择完成后,按"设定"键,显示喷嘴直径的数码管闪烁。按"▲""▼"键进行喷嘴直径的选择。不管是测试透气率还是透气量,均有11种选择,分别为$\phi0.8$、$\phi1.2$、$\phi2$、$\phi3$、$\phi4$、$\phi6$、$\phi8$、$\phi10$、$\phi12$、$\phi16$、$\phi20$,单位均为mm。

喷嘴直径设置完成后,按"设定"键,进入初始状态,所有的数码管便变成常亮,设置操作完毕。

3. **其他操作说明** 按"工作"键仪器进入校零(校准指示灯亮),校零完毕,蜂鸣器发短声

"嘟"。仪器自动进入测试状态(校准指示灯灭,测试指示灯亮),根据设定值进行透气率/量的测试,测试完毕,蜂鸣器会发出一短声"嘟",并显示测得的透气率/量。

在初始状态下,按"▲""▼"键,根据所显示的测量次数,就可以查询已经测试出的数据。次数显示为零时,透气率/量显示为平均值。注意事项如下。

(1)持续发出短声"嘟"表示测试失败,应检查喷嘴选择是否正确,仓体是否漏气等。

(2)在工作状态时,按"工作"键退出测试状态。

按"打印"键将测试数据输出到打印机,按规定格式打印输出。

4. 仪器有无漏气的简易检查　在仪器规定的环境条件下,将定压值设定为100Pa,试样面积为20cm²,选用φ3mm～φ4mm的喷嘴,选用φ8.5mm孔板,进行测试。透气率数码显示值与出厂校准的标准值进行对照,如误差在允许范围内,表示仪器无漏气;反之,仪器某部漏气或存在电路故障,应进行检查并调整。

仪器的调试步骤如下。

表4－4　校验的喷嘴代号及透气率

孔板名义	孔板在100Pa压差下的标称透气率 R_s(mm/s)	校检的喷嘴代号
φ8.5	220.8	φ3
φ8.5	221.7	φ4

(1)检查试样喷嘴是否旋紧,是否漏气。

(2)检查手柄控制压头是否灵活,压头有无压紧。

(3)检查吸风软管与流量筒体,吸风机联接是否漏气。

(4)筒体门上的锁紧密封橡胶圈是否漏气。

(5)用前一章所述方法检查仪器内部是否漏气,如漏气应予以排除。

5. 测试举例　测试一块布样,要求测试的定压值为100Pa,测试面积20mm²,喷嘴直径φ3mm。测试步骤如下。

在初始状态下按"设定"键(小于2s),进入设置状态,压差显示闪烁。按"透气率/量切换"键(选择85国标还是97国标)使透气率指示灯亮。

透气率选定后,按加"▲""▼"键进行测试定值压差的设置。按"▲"键使测试压差加1,按"▼"键使测试压差减10,直到显示测试压差等于100Pa。

测试压差设置完成后,按"设定"键,显示测试面积的数码管闪烁。按"▲""▼"键进行测试面积的选择。直到显示测试面积等于20。测试面积设置完成后,按"设定"键,显示喷嘴直径的数码管闪烁。按"▲""▼"键进行喷嘴直径的选择,直到显示喷嘴直径等于3。

测试喷嘴设置完成后,按"设定"键,进入初始状态,所有的数码管都变为常亮,设置操作完毕。这时,应打开筒体门,把φ3mm的喷嘴旋上并旋紧,关好门。然后,放上要测试的布样,并放上绷紧圈,压下压头,压头压下时要检查压头是不是将布样压紧压平,然后按一下"工作"键,此时测试过程开始。

首先对仪器进行校零(校准指示灯亮),校零完毕时,蜂鸣器发出一短声"嘟",然后,仪器自动进入正式测试阶段(校准指示灯灭,测试指示灯亮),自动根据设定值进行透气率/量的测试,测试完毕,蜂鸣器又发出一短声"嘟",并显示测得的透气率/量。

本测试仪器可以连续多次测试,测试结果都会保存在仪器内部的存储器中。可按需要进行打印或输出到 PC 机中进行处理。每设定一次,可连续测试并可打印平均值。需要注意的是,一旦设定值改变后,上次测量的数据就会被仪器自动清除。

假如设定值为 127Pa(相当于 13mm 水柱,GB/T 5453—1985《织物透气性试验方法》),测试试样规格为 φ50mm,这时用户需要切换透气量(这时指示灯亮),其他操作同上。

任务二　透湿性测试标准及检测

一、任务引入

人体是一个有机体,不断进行着新陈代谢,以维持皮肤表面温度恒定。此时,人体皮肤表面不断向环境散发热量和湿气。湿气包括两方面内容,其一是在人体静止条件下,通过无感排汗向环境蒸发的湿气(气相);其二是在人体运动的条件下,通过有感排汗向环境散发的湿气(液相)。织物是否具有良好的吸湿透湿性也是影响织物舒适性的重要因素。本任务主要介绍用透湿杯法测定织物透湿量。包括两种方法:方法 A 吸湿法和方法 B 蒸发法。仲裁时使用方法 A。本标准适用于各类织物,包括透湿型涂层织物。测试的指标一般用透湿量表示。

二、名词及术语

透湿量(WVT,Water vapour transmission rate)　在织物两面分别存在恒定的水蒸气压的条件下,规定时间内通过单位面积织物的水蒸气质量,单位用 g/(m² · d) 表示。

三、任务实施

(一)检测仪器及工具

本任务使用的仪器主要有织物透湿杯(图 4-9),测试原理是把盛有吸湿剂或水,并封以织物试样的透湿杯放置于规定温度和湿度的密封环境中,根据一定时间内透湿杯(包括试样和吸湿剂或水)质量的变化计算出透湿量。

1. 透湿杯及附件

(1)透湿杯及附件尺寸如图 4-10 所示。

图 4-9　织物透湿杯

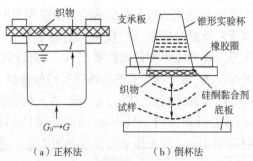

图 4-10　蒸发法测量原理示意图

(2)透湿杯、压环、杯盖用铝制成。透湿杯和杯盖应编号。使用电子天平称量时可不用杯盖。

（3）螺栓和螺帽用铝制成。螺帽形状可自选。

（4）垫圈用橡胶或聚氨酯塑料制成。

（5）乙烯胶粘带宽度应大于10mm。

（6）用其他方法密封的透湿杯，只要符合内径60mm、杯深22mm两个尺寸，也可以使用。

2. 设备和材料

（1）试验箱。试验箱温度控制精度为±0.5℃，相对湿度控制精度为±2%，循环气流速度为0.3～0.5m/s。

（2）天平。天平精度为0.001g。

（3）试剂。

①吸湿剂。无水氯化钙（化学纯），粒度0.63～2.5mm，使用前需在160℃烘箱中干燥3h。

②水。蒸馏水。

（4）标准筛。孔径为0.63mm和孔径为2.5mm的标准筛各一个。

（5）干燥器、量筒。

（二）检测过程

1. 试样准备　试样直径为70mm，每个样品取3个试样（也可按有关规定决定试样数）。样品两面都需测试时，每面取3个试样，并标以记号。测试涂层织物时，如未特别指明，则以涂层面为测试面。试样应在距布边1/10幅宽，距匹端2m远处裁取。试样应无影响测试结果的疵点。

2. 试验步骤

（1）吸湿法试验步骤。

①试验条件。温度38℃，相对湿度90%，气流速度0.3～0.5m/s。

②向清洁、干燥的透湿杯内装入吸湿剂，并使吸湿剂成一平面。吸湿剂装填高度为距试样下表面位置3～4mm。

③将试样测试面朝上放置在透湿杯上，装上垫圈和压环，旋上螺帽；再用乙烯胶粘带从侧面封住压环、垫圈和透湿杯，组成试验组合体。

④迅速将试验组合体水平放置在已达到规定试验条件的试验箱内，经过0.5h平衡后取出。

⑤迅速盖上对应杯盖，放在20℃左右的硅胶干燥器中平衡30min，按编号逐一称量，称量时精度准确至0.001g，每个组合体称量时间不超过30s。

⑥除去杯盖，迅速将试验组合体放入试验箱内，经过1h试验后取出，按规定称量，每次称量组合体的先后顺序应一致。

（2）蒸发法试验步骤。

①试验条件。温度38℃，相对湿度2%，气流速度0.5m/s。

②向清洁、干燥的透湿杯内注入10mL水。

③将试样测试面向下放置在透湿杯上，装上垫圈和压环，旋上螺帽，再用乙烯胶粘带从侧面封住压环、垫圈和透湿杯，组成试验组合体。

④将试验组合体水平放置在已达到规定试验条件的试验箱内，经过0.5h平衡后，按编号在箱内逐一称量，称量时精度准确至0.001g。

⑤随后经过1h试验后，再次按同一顺序称量。如需在箱外称量，称量时杯子的环境温度与规定试验温度的差异不大于3℃。

(三)检测数据处理及检测分析

试样透湿量按下式计算:

$$WVT = \frac{24 \times \Delta m}{S \times t}$$

式中:WVT——每平方米每天(24h)的透湿量,$g/(m^2 \cdot d)$;

$\quad\Delta m$——同一试验组合体两次称量之差,g;

$\quad S$——试样试验面积,m^2;

$\quad t$——试验时间,h。

样品透湿量为三个试样透湿量的算术平均值[修约到 $10g/(m^2 \cdot d)$]。

思考题

1. 测试不同用途的织物(服用、装饰用、涂层织物等)的透湿性能时,分析影响织物透湿性的因素有哪些?

2. 分析影响织物透气性的因素有哪些?

项目三 机织物来样分析标准与检测

本项目主要介绍来样分析的主要任务,包括机织物经纬密的测定、机织物中纱线织缩的测定、机织物中拆下纱线的线密度的测试、机织物中拆下纱线捻度的测定、机织物重量的测定、机织物组织结构及色纱排列的测定、其中织物中纤维的定性定量分析在前面有介绍,此项目不再赘述。

任务一 机织物经纬密的测定

一、任务引入

织物的经纬纱密度是织物结构参数的一项重要内容,织物经纬纱密度的大小影响织物的外观、手感、厚度、强力、抗折性、透气性、耐磨性及保暖性等性能,同时也关系产品的成本和生产效率的大小。

织物单位长度的经、纬纱根数,称织物密度。织物密度分经密和纬密两种。公制密度是指10cm 长度内的纱线根数。本任务实施时样品应平整无折皱,无明显纬斜,测试时应在经纬向均不少于五个不同的部位进行测定,部位的选择应尽可能有代表性,最小测量距离见表4-5。试验前,把织物或试样暴露在试验用的大气中至少16h。本项目参考的标准为 GB/T 4668—1995《机织物密度的测定》。

二、名词及术语

1. 密度 机织物在无折皱和无张力下,每单位长度所含的经纱根数和纬纱根数,一般以根/10cm 表示。

2. 经密 在织物纬向单位长度内所含的经纱根数。

3. 纬密 在织物经向单位长度内所含的纬纱根数。

三、任务实施

(一)检测仪器及工具

本任务使用的仪器是织物密度镜(图4-11),根据织物特点选择合适的仪器。

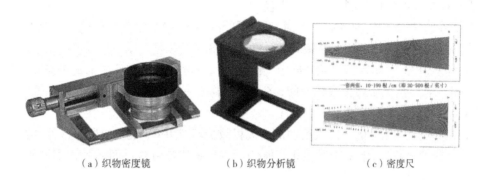

（a）织物密度镜　　　　　　（b）织物分析镜　　　　　　（c）密度尺

图4-11　织物密度镜

(二)织物密度的测定

1. 测定方法　根据织物的特征选择以下测定方法。

(1)方法A。分解规定尺寸的织物试样,计数纱线根数,折算至10cm长度的纱线根数。

(2)方法B。测定在织物分析镜窗口内所看到的纱线根数,折算至10cm长度内所含纱线根数。

(3)方法C。使用移动式织物密度镜测定织物经向或纬向一定长度内的纱线根数,折算至10cm长度内的纱线根数。

(4)方法D。密度尺测量时,只要把适用的密度镜和织物的经线或纬线平线,即可反映出清晰的菱形,菱形尖角上下端所示的刻度即为每厘米纱线根数。

表4-5　最小测量距离

每厘米纱线根数	最小测量距离 cm	被测量的纱线根数	精确度百分率(0.5根纱线以内)
10	10	100	>0.5
10~25	5	50~125	1.0~0.4
25~40	3	75~120	0.7~0.4
>40	2	>80	<0.6

2. 测试步骤　对方法A,裁取至少含有100根纱线的试样。对宽度只有10cm或更小狭幅织物,计数包括边经纱在内的所有经纱,并用全幅经纱根数表示结果。

当织物是由纱线间隔稀密不同的大面积图案组成时,测定长度应为完全组织的整数倍,或分别测定各区域的密度。

1. 调湿和试验用大气　调湿和试验用大气采用GB/T 6529—2008规定的标准大气,仲裁性试验应采用二级标准大气。常规检验可在普通大气中进行。

2. 试样　样品平整无折皱,无明显纬斜。除方法A以外,不需要专门制备试样,但应在经、纬向均不少于 5 个不同的部位进行测定,部位的选择应尽可能有代表性。试验前,把织物或试样暴露在试验用的大气中至少16h。

3. 使用装置移动式织物密度镜　内装有 5～20 倍的低倍放大镜。可借助螺杆在刻度尺的基座上移动,以满足上述最小测量距离的要求。放大镜中有标志线,随同放大镜移动时,通过放大镜可看见标志线的各种类型装置都可以使用。

将织物摊平,把织物密度镜放在上面,哪一系统纱线被计数,密度镜的刻度尺就平行于另一系统纱线,转动螺杆,在规定的测量距离内计数纱线根数。

注:在纬斜情况下,测纬密时原则同上;测经密时,密度镜的刻度尺应垂直于经纱方向。

4. 计数　若起点位于两根纱线中间,终点位于最后一根纱线,不足 0.25 根的不计,0.25～0.75 根作 0.5 根计,0.75 根以上作 1 根计。

5. 结果分析　将测得的一定长度内的纱线根数折算至 10cm 长度内所含纱线的根数;分别计算出经、纬密的平均数,结果精确至 0.1 根/10cm;当织物是由纱线间隔稀密不同的大面积图案组成时,则测定并记录在各个区域中。

任务二　织物中纱线织缩及线密度的测定

一、任务引入

在织机上,经纱曲折穿绕于纬纱上下,纬纱也曲折穿绕于经纱上下,以致织成布后,经纬纱的长度都会缩短。其各自缩短的百分率,经纱称作经织缩率,纬纱称作纬织缩率。测定经纬纱缩率的目的是为了计算纱线特数和织物用纱量等项目。由于纱线在形成织物后,经、纬纱线在织物中交错屈曲,因此,织造时所用的纱线长度大于所形成织物的长度,织物的箱幅大于布幅的尺寸。纱线长度与织物长度(或者宽度)的差值与纱线原长之比值称为缩率。参考的标准 FZ/T 01091—2008《机织物结构分析方法　织物中纱线织缩的测定》和 FZ/T 01093—2008《机织物结构分析方法　织物中拆纱线线密度的测定》。

二、名词及术语

1. 纱线织缩率　在无应力条件下,纱线的伸直长度与在织物中该纱线两端距离的差对后者的百分率。

2. 纱线的伸直张力　消除织造张力引起的卷曲而施加于纱线的最小力。

三、任务实施

(一)检测仪器及工具

本任务需要的设备与工具有电子天平、织物捻度仪、分析针、钢板尺、剪刀、标记笔、烘箱(图 4 - 12)。

(二)纱线织缩的测定

1. 预估线密度确定如果已知线密度则可直接利用公式计算　沿经向或纬向作出 25cm 的标记,用剪刀沿标记向里剪裁一定距离(大概包含 100 根纱线在内),然后用挑针将标记内的纱线拨出 100 根,用镊子将纱线放到电子天平称重,利用线密度的定义估算出纱线的线密度,然后按表 4 - 6 的要求计算预加张力。

图4－12 织物中纱线织缩及线密度的测定仪器

调整装置,按表4－6提供的伸直张力调整张力装置,以便尽可能地消除纱线的卷曲。如果规定的张力不能使纱线卷曲消除或已使其伸长,则可另行选取,但应在报告中说明。

表4－6 伸直张力调整

纱线	线密度(tex)	伸直张力(cN)
棉纱、棉型纱	≤7	0.75×线密度值
	>7	(0.2×线密度值)+4
毛纱,毛型纱,中长型纱	15～60	(0.2×线密度值)+4
	61～300	(0.7×线密度值)+12
非变形长丝纱	所有线密度	0.5×线密度值

2. **夹持纱线** 用分析针轻轻地从试样中部拨出最外侧的一根纱线,在两端各留下约1cm,仍交织着。

从交织的纱线中拆下纱线的一端,尽可能握住端部以免退捻,将该头端夹入伸直装置的一个夹钳,使纱线的头端和基准线重合,然后闭合夹钳。

从织物中拆下纱线的另一端,用同样方法将其夹入另一夹钳。

3. **测量伸直纱线长度** 使两只夹钳分开,逐渐达到选定的张力。测量并记录两夹钳口间距离,作为纱线的伸直长度。重复步骤2、3,随时把留在布边的纱缨剪去,避免纱线在拆下过程中受到拉伸,从5个试样中各测10根纱线的伸直长度。

4. **结果的计算和资料的表示** 对每个试样测定的10根纱线,计算平均伸直长度,保留一位小数。按下式分别计算每个试样的织缩率,保留一位小数。

$$C = (L - L_1)/L_1 \times 100\%$$

式中:C——织缩率;

　　L——从试样中拆下的10根纱线的平均伸直长度,mm;

　　L_1——伸直纱线在织物中的长度(试样长度),mm。

(三)未去除非纤维物质的织物中拆下纱线线密度的测定步骤

1. 分离纱线和计算伸直长度　按照 FZ/T 01091 的规定,调整好伸直张力,从每一试样中拆下并测定 10 根纱线的伸直长度(精确至 0.5mm)。然后从每个试样中拆下至少 40 根纱线,与同一试样中已测取长度的 10 根形成一组。平均伸直长度 = 25 × (1 + 织缩) ÷ 100,单位是 m。

2. 在标准大气中调湿　试样在 GB 6529 规定的预调湿用的标准大气中预调湿 4h,然后暴露在试验用的标准大气中 24h,或者每隔至少 30min 其质量的递变量不大于 0.1% 为止。将 2 组经纱一起称重,2 组纬纱一起称重。

3. 烘干值加上商业允贴或公定回潮率　把试样放在通风烘箱中加热至 105℃,并烘至恒定品质,直至每隔 30min 质量递变量不大于 0.1%。将 2 组经纱一起称重,2 组纬纱一起称重。

4. 股线中单纱线密度的测定　按上述程序测定的股线的线密度值,其结果表示最终线密度值。如果需要各单纱的线密度值(例如,单纱线密度不同的股线),先分离股线,将待测的一组单纱留下,然后按上述方法测定其伸直长度和质量。

(四)结果的计算

1. 方法 A　由下式分别计算经纬纱线的线密度,单位为特克斯(tex):

$$调湿纱线的线密度 = \frac{纱线的质量(g) \times 1000}{平均伸直长度(m) \times 称重的纱线根数}$$

2. 方法 B　由下式分别计算经纬纱线的线密度,单位为特克斯(tex):

$$烘干纱线的线密度 = \frac{烘干纱线的质量(g) \times 1000}{平均伸直长度(m) \times 称重的纱线根数}$$

由下式计算加商业允贴或公定回潮率的纱线线密度,单位为特克斯(tex):

$$烘干纱线的线密度(加商业允贴或公定回潮率) = \frac{烘干纱线的线密度 \times (100 + 纱线的商业允贴或公定回潮率)}{100}$$

结果表示:单纱线密度相同的股线,以单纱的线密度值乘股数来表示;单纱线密度不同的股线,以单纱的线密度值相加来表示。

任务三　织物中拆下纱线捻度的测定

一、任务引入

由于织物中经纱或纬纱经过交织,纱线受到挤压变形,所以织物中纱线的捻度测试与管纱和筒子纱的捻度测试方法有所不同,而此指标对织物的设计又非常重要,所以来样分析一定要准备测试织物中纱线的捻度,本任务参考行业标准 FZ/T 01092—2008《机织物结构分析方法 织物中拆下纱线捻度的测定》来介绍整个操作过程。

二、名词及术语

1. 纱线捻度　纱线单位长度内的捻回数。

2. 纱线捻向　加捻后,由下而上系自右向左倾斜的称为 S 捻(顺手捻);而由下向上系自左向右倾斜者为 Z 捻(反手捻)。

三、任务实施

(一)检测仪器及工具

将织物中拆下的一段纱线,在一定伸直张力条件下夹紧于两个已知距离的夹钳中,使一个夹钳转动,直到把该段纱线内的捻回退尽为止,根据退去纱线捻度所需转数求得纱线的捻度。本任务的完成需要的设备与工具有捻度仪、分析针、放大镜、衬板(图4-13)。

图4-13 织物中纱线捻度测定部分工具

(二)检测过程

1. **取样** 样品调湿至少16h。试样长度至少应比试验长度长7~8cm,使夹持试样过程中不退捻,宽度应满足实验根数(表4-7),如果要达到特殊要求的精确度,则实验数量应由统计确定。经向取1块试样,纬向在不同部位取5块试样。对纬向试样,试验根数在各试样之间的分配大致相等。

表4-7 试验长度和实验根数

纱线种类	实验根数(根)	实验长度(cm)
股线和缆线	20	20
长丝纱	20	20
短纤纱	50	2.5

注 1. 在试验长韧皮纤维干纺的原纱(单纱)时,可试验20根,实验长度用20cm。
2. 对于某些棉纱,可采用1.0cm的最小试验长度。

2. **调整预加张力** 根据纱线织缩的伸直张力调整方式来添加纱线捻度的预加张力(参考任务二)。

3. **判断捻向** 抽出一根纱线,并握持两端,使其一端(大约10cm)处于铅直位置,观察捻回螺线的倾斜方向,与字母"S"中间部分一致的,为S捻;与字母"Z"中间部分一致的,为Z捻。

4. **测定捻数** 在不使纱线受到意外伸长和退捻的条件下,将纱线一端从织物中侧向抽出,夹紧于一个夹钳中。使试样受到适当的伸直张力后,夹紧另一端,伸直张力按FZ/T 01091的规定设置。

转动旋转夹钳退解捻度。对于股线、缆线及长丝纱,插入分析针并于其间移动,以示捻回的退尽,对于短纤纱,使用放大镜及衬板,判断捻回退尽与否。

记录旋转夹钳的回转数。当回转数不超过5r时,记录实验结果精确到0.1r,当转数在5~

15r 时,记录试验结果精确到 0.5r;当转数超过 15r 时,记录试验结果精确到最接近的整数。

重复上述过程,直至规定的试验根数。为便于抽出纱线,可剪去横向纱缨。

如需测定股线中长丝纱或单纱及缆线中股线的捻数时,在测定完股线或缆线的捻度后,分开各组分,去除不测的长丝纱、单纱或股线,将待测的组分调整至表 4 – 7 规定的长度,按照 FZ/T 01091 调整伸直张力,并测定其捻数。

5. **结果的计算和表示** 按下式分别计算经纱和纬纱的平均捻度:

$$捻度(捻/m) = \frac{回转数的平均值}{试验长度(cm)} \times 100\%$$

任务四 织物单位面积经纬纱质量的测试

一、任务引入

织物重量指织物每平方米的无浆干重克数。它是织物的一项重要的技术指标,也是对织物进行经济核算的主要指标,根据织物样品的大小及具体情况,有两种测算织物重量的方法。一种是拆纱法,此种方法不仅可以测出织物单位面积质量,还可以计算出单位面积的经纱用量和纬纱用量;另一种方法是圆盘取样器法,此方法方便快捷,但是无法测出单位面积的经纱用量和纬纱用量。本任务主要参考行业标准 FZ/T 01094—2008《单位面积经纬纱质量》来介绍整个测试过程。

二、名词及术语

1. **织物克重** 织物每平方米的无浆干重克数。
2. **经纱质量** 每平方米织物经纱无浆干重克数。
3. **纬纱质量** 每平方米织物纬纱无浆干重克数。

三、任务实施

(一)检测仪器及工具

完成本任务需要的仪器及工具主要包括不退色的打印墨水、剪刀、分析针、小模板(长方形,其大小与规定的试样面积一致)、天平(精确到试样最小质量的 0.1%)、通风烘箱、圆盘取样器、橡胶垫。主要的仪器如图 4 – 14 所示。

图 4 – 14 织物单位面积质量测试所需仪器

（二）织物分解法测定单位面积经纬纱质量步骤

1. 裁剪试样 用小模板和铅笔标画一面积不小于 $150\mathrm{cm}^2$ 的正方形或长方形试样,其各边与经纱和纬纱平行。用剪刀从样品中裁取试样,也可以用冲模切割。

按 ISO 1833－1 中关于纤维混合物定量分析前非纤维物质的去除方法,除去样品中非纤维物质。样品干燥后置于试验用的大气中调湿至平衡。沿着样品上面所标画的试样各边裁剪,并测定其质量。

2. 织物分解 在颜色适当的有色纸上分解试样,以便收集从试样中较易落下的纱线和纤维断屑。不时地把留在另一方向的纱缨剪掉,并将其收集在一起,要把他们与较易拆下的纱线分开。当整个标画的面积已被分解成经纱和纬纱后,分别测定两组纱线的质量。这两组纱线质量之和与分解前试样的质量差异应不大于1%。如果差异大于1%,应重复该程序,以获得所需的精度。

干燥纱线,然后充分地暴露于试验用的标准大气中达到平衡。分别测定两组纱线的质量。

3. 结果的计算和数据的表示 根据测定的经纬纱质量和分解的已知试样面积,计算单位面积经纱、纬纱和织物的质量,单位为 $\mathrm{g/m}^2$,精确到小数点后一位。

（三）圆盘取样器法测定单位面积经纬纱质量步骤

1. 裁样 将待裁织物平铺在橡胶垫上,将圆盘取样器放在织物上,位置应距布边至少150mm,保证待测部分均匀分布于样品上,然后拉出取样器上的锁紧装置,旋转约90°,一手扶住外罩,一手握住波纹手轮,并施加一定压力,然后顺时针旋转波纹手轮(转角大于90°),即可将圆试样裁取。

2. 工具保存 取样器切刀刀片为双面刀片,共有四片,将圆外接四等份(每片上有四颗螺钉),使用后即锁紧装置,旋转至原位,使刀片不能外露,以免伤手和其他物品。

注意事项:本仪器刀片锋利,使用中不得将手放在底部,以免损伤,仪器裁取试样应该在橡胶垫上进行,仪器不用时擦拭干净,放在仪器盒中,以免损伤。另外可配专业、高精度电子天平,精确称出克重。

3. 称重与计算 将裁下来的试样用镊子夹起,放在烘箱中烘干,然后用镊子夹起放在电子天平上称取其质量。最终结果按几个试样的平均值来计算,最后换算成平方米重量。圆盘取样器裁取试样的面积为 $100\mathrm{cm}^2$,根据称取的重量和试样面积换算成每平方米的克重。

任务五 机织物结构分析标准

一、任务引入

本任务主要介绍机织物组织结构的分析方法,描述了组织图、穿综图、穿筘图和纹板图的表示方法以及它们之间的相互关系,并介绍了一种花纹配色循环的色纱排列规律的表达方法。

分析织物的组织,即分析织物中经纬纱的交织规律,获得织物的组织结构。再根据经纬纱原料、密度、线密度等因素作出该织物的上机图。也就是在意匠纸(方格纸)上表示织物的组织图、穿综图、穿筘图和纹板图(见 GB/T 8683—2009)以及它们之间的关系,花纹配色循环的色纱排列规律采用列表法表示。由于织物种类繁多,加之原料、密度、线密度等因素各不相同,所以在对织物进行组织分析时应根据具体情况选择不同的分析方法,使分析工作简单高效。参考标准为 FZ/T 01090—2008《机织物结构分析方法织物组织图与穿综、穿筘及纹板图的表示方法》。

二、名词及术语

1. 织物组织　经纱和纬纱相互交错或经纱和纬纱彼此浮沉的规律。

2. 组织点(浮点)　织物中经纬纱相交处。

3. 经组织点(经浮点)　织物中经纱浮在纬纱之上的点。

4. 纬组织点(纬浮点)　织物中经纱沉在纬纱之下或纬纱浮在经纱之上的点。

5. 组织循环(完全组织)　当织物中经组织点和纬组织点的浮沉规律达到循环时的组织，称为一个组织循环，也称完全组织。

三、任务实施

(一)材料与用具

完成本任务所需要的工具有意匠纸、放大镜、镊子、剪刀、分析针等(图 4 - 15)，根据需要可以准备几张与面料颜色不一样的衬纸。

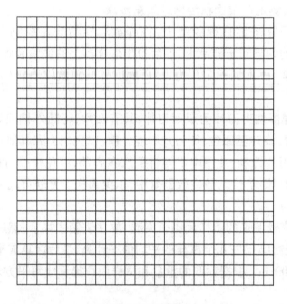

图 4 - 15　意匠纸

(二)步骤

从织物中选取一块含有若干完全组织的试样。

1. 拆纱分析　鉴别织物的正反面和经纬向，确定拆纱方向：拆除试样两垂直边上的纱线，露出约 1cm 长的纱缨。用分析针平行于纱缨拨动纱线，连续从织物中逐次地拨出纱线，一般是将密度大的纱线系统拆开(通常是经纱)，利用密度小的纱线系统的间隙，清楚地看出经纬纱的交织规律。观察和记录纱线的交织情况，直至获得一个完全组织。如果需要，可对织物的浮面烧灼和轻微修剪，以改善组织点的清晰度。对于简单组织和一些组织较稀疏的织物，不需要分解织物，可采用直接观察法或放大镜观察经纬纱的交织规律。

2. 组织图的绘制　一般地，意匠纸上纵行格子代表经纱线，横行格子代表纬纱线，每个格子代表一个组织点。在格子内画一符号,除非另作说明,一个符号表示一根经纱线在纬纱线之上的组织点。在该表示方法不适宜的情况下,应明确指出符号为"纬浮点"。至少用一个完全组织来表示织物组织的大小。

仅用一个完全组织表示织物组织较为适宜:即当在纬纱方向继续分解的织物是重复已经记录的织物组织单元时,就不再继续作图。一个简单的完全组织如图4-16所示。

完全组织图可适当简化表示。当织物完全组织能够在经向或纬向分成两个或更多部分,且其中某一部分是由一子组织的循环所构成,用一括号把子组织标注出来,紧靠括号指出子组织的循环个数,前面用乘号×。图4-16(a)的织物组织可简化为图4-16(b)。

可以适当采用各种符号(例如,×、■、—、l)填入表格。对组织结构复杂的织物组织,可同时使用不同的符号,以使图更为清晰。

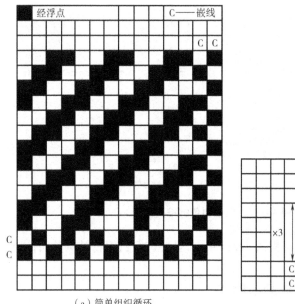

（a）简单组织循环

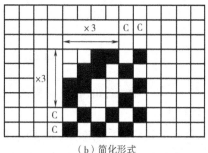

（b）简化形式

图4-16 简单组织图

3. **穿综图** 穿综图画在组织图的正上方。在组织图中代表一根经纱的纵行格子在穿综图中代表同一根经纱。穿综图中的横行格子代表综片。

在代表经纱的纵行与代表综片的横行相交的方格内填入一个"×"或其他符号,表示这根经纱穿过该综片上的综眼。穿综图至少要画一个穿综循环,也可按组织图所述的方式简化。

4. **穿筘图** 穿筘图在组织图和穿综图之间,占用两个横行。是以连续涂绘一粗横线或其他符号于一横行的格子内表示相应的几根经纱同穿在一个筘齿内,当简化描述组织图和穿综图时,或每筘穿入的根数相同时,可注上穿筘的说明。

5. **纹板图** 纹板图的位置与组织图、穿综图的相互关系有两种表示方式,根据需要选择其中一种。

(1)方式一。纹板图中每一横行表示与组织图中相对应的一根纬纱,每一纵行表示对应的一页综片,其顺序自左向右。纹板图和穿综图之间的关系可以用直角线表示,当组织图可以简化时,纹板图也可以简化。

(2)方法二。纹板图画在穿综图的右侧。纹板图中每一横行表示与组织图中相对应的一页综片,每一纵行表示对应的一根纬纱,左边的纬纱相当于组织图中的第一根纬纱。纹板图和组织图之间的关系可以用直角线表示。当组织图可以简化时,纹板图也可以简化。

(三)经纱和纬纱的排列

花纹配色循环的色纱排列顺序用表格法表示,如图 4-17 所示,表中的横行格子表示颜色相同的纱线在每组中所用的根数,表中的纵行格子从上到下表示不同颜色纱线的排列顺序。

如果其中顺序有重复,则不需要全部填写,可以把重复的部分括起来,同时在括号的尖点上标注数字,说明循环次数。表中的第一根纱线相当于完全组织中的第一根纱线。

经纱排列

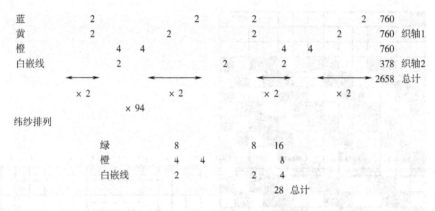

图 4-17 色经和色纬排列

如果仅有一块小样,例如,有效面积为 4cm×4cm,且要进行机织物结构分析的其他内容,则宜按下列步骤进行。

(1)测量样品面积,并确定单位面积的质量。

(2)分析织物组织,保存拆下的纱线。

(3)用拆下的纱线确定单位面积的经纬纱线质量以及经纬纱线密度。

思考题

1. 机织物分析的步骤有哪些?

2. 试述织物组织的拆纱分析法的步骤。

3. 如何测定经纬纱的缩率?

模块五　生态纺织品标准与检测

一、生态纺织品定义及检测指标

(一)生态纺织品定义

有关生态纺织品的定义目前尚无统一的说法,从完整意义上看,应包括下列几方面的含义:原料资源的可再生和可重复利用;在生产加工过程中对环境不会造成不良的影响;在使用过程中,消费者的安全和健康以及环境不会受到损害;废弃以后能在自然条件下降解或不对环境造成新的污染。

由于目前对生态纺织品的认定尚无统一的国际标准,因而,在实际操作中各方的做法也千差万别。以生态纺织品标志的发源地欧洲为例,目前通行的纺织品生态标志就达 10 多个,如 Eco‐label、Oeko‐Tex 标准 100、Milieukeur、White Swan、Toxproof Seal、Eco‐Tex、Gut、Clean Fashin 和 Comitextil 等。而推出这些标志的主体除了政府机构之外,更多的则来自于一些民间团体,如国际性的学术团体、消费者组织、环境保护机构、生产商、采购或零售商组织等。因此,这些标志的科学性、权威性、影响力以及被接受的程度等都会受到一定的局限。

(二)生态纺织品的检测指标

目前,在欧洲最重要的生态纺织品的标志是 Oeko‐Tex Standard 200(或称生态纺织品标准 200),这个标准要求对纺织品从 pH、色牢度、甲醛、致癌染料以及会分解为致癌芳香胺或引起皮肤反应的染料、有害重金属元素、卤化染色载体以及五氯苯酚、增白剂、软化剂或农药污染等方面加以控制。

1. pH　棉织物标准要求 pH 为 4.8~7.5,羊毛和丝织物则要求 pH 为 4.0~7.5。这主要是因为人类皮肤有一层微酸性的表层,可防止许多疾病的发生,pH 为中性(pH=7)或微酸性(pH<7)的纺织品对人体是有利的,在极端 pH 情况下,纺织纤维将遭到破坏。

2. 色牢度　标准规定了针对水、摩擦、汗液和唾液的色牢度指标。唾液色牢度指标主要针对婴儿衣物,因为婴儿不太出汗,但会经常吮吸他们的衣物,染料色素会被婴儿吸入而引起伤害。

3. 甲醛　一般纺织品在整理工序会加入包含甲醛的人造树脂交联剂、印染颜料或活性染料的色牢度促进剂等成分,其目的主要是阻止织物收缩而使产品具有抗皱、平整干燥和抗静电等性能。但由于高温或氧化物和 pH 变化的影响,甲醛会从织物中释放出来。甲醛对黏膜有强烈的刺激使用,可引起人体呼吸道发炎,使皮肤产生炎症,是一种最典型的引起过敏的作用物,很可能会导致癌症。

4. 偶氮染料　偶氮染料是指化学结构式中至少含有一个与 SP^2 原子相连接的偶氮发色基团的化合物。它与人体接触后,会穿透人体的细胞膜,进入细胞核心与细胞中的脱氧核糖核酸发生化学反应,使正常的 DNA 遗传密码发生变异而形成癌细胞,严重危害人类的健康。

5. 有害金属、重金属　这是染料的一部分。它们也存在于天然纤维中,因为植物可从土壤或空气中吸收它们。重金属一旦被人体吸收,会在人的肝脏、肾脏、骨骼、心脏和大脑中累积。当累积到一定程度时,会对人的健康产生极大的影响。例如,汞(水银)会影响人的神经系统。对儿童来讲,这种情况更容易发生,因为他们对重金属有着比成人更高的吸收力。

6. 增白剂　视觉增白剂不仅仅用于漂白洗涤以使得衣物看上去洁白无瑕。染色的衣服也是以这些物质完成的,以给它们"额外的灿烂"。视觉增白剂将不可见的紫外光变成了可见的蓝光。对人的眼睛来说是一片白色。这些物质可引起过敏和皮肤疾病。

二、纺织品环境标志

(一)环境标志及其制度

1. 环境标志定义　环境标志也称生态标志、绿色标志,是由政府管理部门或独立机构和组织,依据一定的环境标准,向有关申请者颁发其产品或服务符合要求的一种特定标志。其中,生态标准是环境标志的核心。环境标志是一种证明性商标,获得者可以将它贴在商品上,向消费者表明该产品与同类产品相比,在生产、使用、处理等整个过程或其中某个过程,符合特定的环境保护要求。

2. 环境标志制度　环境标志制度执行自愿原则,即申请环境标志并不是强制性的,而是由生产者自主决定。它是环境管理手段从"行政法令"到"市场引导"的产物。环境标志通过市场因素中消费者的驱动,促使生产者采用较高的环境标准,引导企业自觉调整产品结构,采用清洁工艺,生产对环境有益的产品,最终达到保护环境、节约资源的目的。

3. 环境标志的申请　环境标志的申请需经过严格的检查、检测和综合评定,经认可委员会的审定,签订特定的使用合同,交纳一定数量的使用费用后方可使用,其标志的所有权仍属于某一特定的认证委员会。这与当今世界"绿色消费"浪潮冲击下,企业自行对外宣称的"绿色公司""绿色产品""纯天然配方""环保先锋"等截然不同。环境标志的授予有严格的标准,并需定期检查,标志的使用有一定的年限,逾期需再申请。而有些公司自己宣称的"绿色",通常没有严格的标准和审核程序,一般是纯商业性的,目的是为了迎合消费者的环保需求,获取利润。

(二)欧盟各国的纺织品环境标志

欧盟作为一个独立体,有自己统一的环境标志,即 Eco – 1abel(生态标签)。欧盟各成员国也都有各自的环境标志,共有 10 余种。其中,以德国的环境标志最多,共有 7 种,涉及产品种类包括服装、地毯、纤维等。其较有影响力的有 Oeko – Tex 100、ToxProof、EcoTex 等。其他欧盟国家如荷兰、丹麦,北欧等国也都有各自的环境标志。这些标志有的要求最终产品上有害物质的限量低于特定的要求,符合人类生态学如 Oeko – Tex 100 的要求;有的则要求产品整个生命周期,即从纤维培植或生产到最后废弃物的处理整个生产链,都符合一定的环保要求,如 Eco – 1abel。下面主要对市场上较有影响力的几种标志作系统介绍。

1. Eco – 1abel 标志　Eco – 1abel 由欧盟执法委员会根据 880/92 号法令成立,自 1993 年颁布了首批关于洗衣机和洗碗机的标准以来,现产品已涉及包括纺织品如床单、T 恤在内的 12 种。

欧盟环境标志标准的制定原则是对产品从"摇篮"到"坟墓"进行终生环保评估,即对其原材料、生产过程、产品流通、消费一直到最后废弃物处理各个阶段进行评价。Eco – 1abel 标志的申请、授予程序主要包括以下内容。

（1）欧盟执行委与有关各方磋商后,确定产品类别和每类产品的环境标准。

（2）每个成员国指定一个有关部门按欧盟的标准受理生产者或进口者的环境标志申请。环境标志申请需先经成员国有关部门批准（30 天内）。

（3）申请批准后,申请者与成员国有关部门签订合同,规定在一定时间内可使用该标志,成员国负责征收申请费和年度使用费。

（4）欧盟执行委通过"公报"公布产品清单,公布标志所授予的企业名称、授予国家等。

2. Oeko – Tex 200 标志　Oeko – Tex 200 标志具有悠久的历史,其在欧洲市场上的知名度很高。近年来,该组织发展迅速,目前已发展了 13 个组织机构,其标准也几经修改。

目前,标准 200 检测并授予环境标志的生态纺织品主要有 4 类,一类是婴儿用品,它指除了服装外所有用于制作婴儿或直至两岁儿童的产品、基本材料和辅料;第二类是直接与皮肤接触的产品,如制服衬衣、内衣等;第三类是不直接与皮肤接触的产品,如充填材料、衬料等;第四类是装饰材料,包括原材料和辅料在内的所有用于装饰的产品,如白布、墙面覆盖物、家具布、窗帘、地毯、床垫等。

3. Milieukeur 标志　Milieukeur 是 1992 年由荷兰环境评论基金会提议,由来自政府、消费者、环境组织、制造商、零售商组织等各方代表组成的组织。该组织是一独立机构,对纺织品的生态要求强调公产负担。

4. White Swan 标志　White Swan 标志,即白天鹅标志,是由北欧几个国家,丹麦、芬兰、冰岛、挪威、瑞典于 1989 年实施的统一的北欧标志。

项目一　色牢度测试标准

一、任务引入

本项目主要介绍测试由各类纤维制成的,经染色或印花的纱线、织物和纺织制品,包括纺织地毯和其他绒类织物的色牢度。该项目主要介绍耐摩擦色牢度、耐皂洗色牢度、耐汗渍色牢度,最后介绍了评定沾色用灰色样卡的使用方法。

二、名词及术语

1. 色牢度　又称染色牢度、染色坚牢度,是指纺织品的颜色对在加工和使用过程中各种作用的抵抗力。

2. 耐日晒色牢度　耐日晒色牢度是指有颜色的织物受日光作用变色的程度。其测试方法是模拟日光照晒后的试样褪色程度与标准色样进行对比,共分为 8 级,8 级是最好成绩,1 级最差。耐日晒色牢度差的织物切忌在阳光下长时间暴晒,宜于放在通风处阴干。

3. 耐水洗（或皂洗）色牢度　耐水洗色牢度是指染色织物经过洗涤液洗涤后色泽变化的程度。分为褪色和沾色两种,分别用规定的灰色标样,分 5 级进行评定,逐级的色差呈几何级距。

4. 耐摩擦色牢度　耐摩擦色牢度是指染色织物经过摩擦后的掉色程度,可分为干态摩擦和湿态摩擦。耐摩擦色牢度以白布沾色程度作为评价原则,共分 5 级,数值越大,表示耐摩擦色牢度越好。

5. **耐汗渍色牢度** 耐汗渍色牢度是指染色或印花织物沾浸汗液后的掉色程度。它是衡量染色印花织物耐汗渍的色牢度主要标准之一。汗渍牢度分为 1～5 级,数值越大越好。

6. **沾色牢度** 沾色牢度是指一种颜色向另一种颜色迁移的程度。

7. **复合色牢度** 在很多场合,纺织品的颜色受到的不仅仅是一种因素的影响,而是两种或两种以上因素的双重或多重作用。国内外关于复合色牢度的研究成果不多。复合色牢度包括耐光/汗色牢度、耐光/氯色牢度和耐汗/光/氯色牢度等。

三、任务实施

(一) 耐摩擦色牢度测试

每一样品可做两个试验,一个使用干摩擦布,一个使用湿摩擦布,用灰色样卡评定试样变色程度的整个测试过程。参考标准为 GB/T 3920—2008。耐摩擦色牢度试验仪通过两个可选尺寸的摩擦头提供了两种组合试验条件:一种用于绒类织物;另一种用于单色织物或大面积印花物。

1. **检测仪器及工具** 本任务的检测仪器有耐摩擦色牢度试验仪、摩擦头、棉摩擦布、耐水细砂纸、评定沾色用灰卡(图 5-1)。具体要求如下。

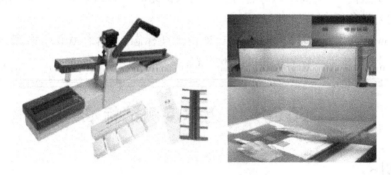

图 5-1 耐摩擦色牢度试验仪

(1)摩擦头具有两种可选尺寸,并可做往复直线摩擦运动。

①一种是用于绒类织物(包括纺织地毯)。长方形摩擦表面的摩擦头尺寸为 19mm × 25.4mm。摩擦头施以向下的压力为 (9 ± 0.2)N,往复动程为 (104 ± 3)mm。

注 使用直径为 (16 ± 0.1)mm 的摩擦头对绒类织物进行试验,在评定对摩擦布的沾色程度时可能会遇到困难,这是由于摩擦布在摩擦圆形区域周边部位会产生沾色严重的现象,即产生晕轮。对绒类织物进行试验时,使用①所述摩擦头会消除晕轮现象。对绒毛较长的织物,即使使用长方形摩擦头评定沾色时也可能会遇到困难。

②另一种摩擦头用于其他纺织品。摩擦头由一个直径为 (16 ± 0.1)mm 的圆柱体构成,施以向下的压力为 (9 ± 0.2)N,直线往复动程为 (104 ± 3)mm。

(2)棉摩擦布,符合 GB/T 7568.2 的规定,剪成 $(50mm \pm 2mm) \times (50mm \pm 2mm)$ 的正方形用于第二种摩擦头,剪成 $(25mm \pm 2mm) \times (100mm \pm 2mm)$ 的长方形用于第一种摩擦头。

(3)耐水细砂纸,或不锈钢丝直径为 1mm、网孔宽约为 20mm 的金属网。应注意到使用的金属网或砂纸的特性,在其上放置纺织试样试验时,可能会在试样上留下印迹,这会造成错误评级。对纺织织物可优先选用砂纸进行试验,选用 600 目氧化铝耐水细砂纸已被证明对测试是合适的。

2. 耐摩擦色牢度测试操作步骤

（1）取样。若被测纺织品是织物或地毯，需准备两组尺寸不小于50mm×140mm的试样，分别用于干摩擦试验和湿摩擦试验。每组各两块试样，其中一块试样的长度方向平行于经纱（或纵向），另一块试样的长度方向平行于纬纱（或横向）。若要求更高精度的测试结果，则可额外增加试样数量。另一种剪取试样的可选方法，是使试样的长度方向与织物的经向和纬向成一定角度。若地毯试样的绒毛层易于辨别，剪取试样时，绒毛的顺向与试样长度方向一致。在试验前，将试样和摩擦布放置在GB/T 6529规定的标准大气下调湿至少4h。对于棉或羊毛等织物可能需要更长的调湿时间。为得到最佳的试验结果，宜在GB/T 6529规定的标准大气下进行试验。

（2）用夹紧装置将试样固定在试验仪平台上，使试样的长度方向与摩擦头的运行方向一致。在试验仪平台和试样之间，放置一块金属网或砂纸，有助于减小试样在摩擦过程中的移动。当测试有多种颜色的纺织品时，宜注意取样的位置，使所有颜色均被摩擦到。如果颜色的面积足够大，可制备多个试样，对单个颜色分别评定。

（3）干摩擦。将调湿后的摩擦布平放在摩擦头上，使摩擦布的经向与摩擦头的运行方向一致。运行速度为每秒1个往复摩擦循环，共摩擦10个循环。在干燥试样上摩擦的动程为（104±3）mm，施加的向下压力为（9±0.2）N。取下摩擦布，对其进行调湿，并去除摩擦布上可能影响评级的任何多余纤维。

（4）湿摩擦。称量调湿后的摩擦布，将其完全浸入蒸馏水中，重新称量摩擦布以确保摩擦布的含水率达到95%～100%。然后按（2）进行操作。

注1　当摩擦布的含水率可能严重影响评级时，可以采用其他含水率。例如，常采用的含水率为（65±5）%。用可调节的轧液装置或其他适宜装置调节摩擦布的含水率。将湿摩擦布晾干。

（5）评定。

①评定时，在每个摩擦布的背面放置三层摩擦布。

②在适宜的光源下，用评定沾色用灰色样卡评定摩擦布的沾色级数。

（二）耐皂洗色牢度测试

介绍常规家庭用所有类型的纺织品耐洗涤色牢度的方法，包括从缓和到剧烈不同洗涤程序的5种试验。测试原理是将纺织品试样与一块或两块规定的标准贴衬织物缝合在一起，置于皂液或肥皂和无水碳酸钠混合液中，在规定时间和温度条件下进行机械搅动，再经清洗和干燥。以原样作为参照样，用灰色样卡或仪器评定试样变色和贴衬织物沾色。参考标准为GB/T 3921—2008。

1. 设备与试剂

（1）合适的机械洗涤装置，由装有一根旋转轴杆的水浴锅构成。旋转轴呈放射形支承着多只容量为（550±50）mL的不锈钢容器，直径为（75±5）mm，高为（125±10）mm，从轴中心到容器底部的距离为（45±10）mm，轴和容器的转速为（40±2）r/min，水浴温度由恒温器控制，使试验溶液保持在规定温度±2℃内。

（2）天平，精确至±0.01g。

（3）机械搅拌器，最小转速$16.667s^{-1}$（1000r/min），确保容器内物质充分散开，防止沉淀。

（4）耐腐蚀的不锈钢珠，直径约为6mm。

（5）加热皂液的装置，如加热板。

2. 试剂和材料

（1）肥皂，以干重计，所含水分不超过5%，并符合下列要求：

游离碱（以 Na_2CO_3 计）　　　　≤0.3%

游离碱（以 NaOH 计）　　　　　≤0.1%

总脂肪物　　　　　　　　　　≥850g/kg

制备肥皂混合脂肪酸冻点　　　≤30℃

碘值　　　　　　　　　　　　≤50

肥皂不应含荧光增白剂。

（2）无水碳酸钠（Na_2CO_3）。

（3）皂液，每升水中含5g肥皂，用搅拌器将肥皂充分地分散溶解在温度为（25±5）℃的三级水中，搅拌时间（10±1）min。

（4）三级水。

（5）贴衬织物。多纤维贴衬织物，含羊毛和醋纤的多纤维贴衬织物（用于40℃和50℃的试验，某些情况下也可用于60℃的试验，需在试验报告中注明）；不含羊毛和醋纤的多纤维贴衬织物（用于某些60℃的试验和所有95℃的试验）；两块单纤维贴衬织物（表5－1）。

表5－1　单纤维贴衬织物

第一块	第二块		第一块	第二块	
	40℃和50℃的试验	60℃和95℃的试验		40℃和50℃的试验	60℃和95℃的试验
棉	羊毛	黏胶纤维	醋纤	黏胶纤维	黏胶纤维
羊毛	棉	—	聚酰胺	羊毛或棉	棉
丝	棉	—	聚酯	羊毛或棉	棉
麻	羊毛	黏胶纤维	聚丙烯腈	羊毛或棉	棉
黏胶纤维	羊毛	棉	—	—	—

（6）一块染不上色的织物（如聚丙烯），需要时用。

（7）灰色样卡，用于评定变色和沾色。

3. 试样

（1）取100mm×40mm试样一块，正面与一块100mm×40mm多纤维贴衬织物相接触，沿一短边缝合。

（2）取100mm×40mm试样一块，夹于两块100mm×40mm单纤维贴衬织物之间，沿一短边缝合。

4. 操作程序

（1）按照所采用的试验方法来制备皂液。

（2）将组合试样以及规定数量的不锈钢珠放在容器中，注入预热至试验温度±2℃的需要量的皂液，浴比为50：1，盖上容器，立即依据表5－2中规定的温度和时间进行操作，并开始计时。

表 5-2　试验条件

试验方法编号	温度(℃)	时间	钢珠数量	碳酸钠
A(1)	40	30min	0	-
B(2)	50	45min	0	-
C(3)	60	30min	0	+
D(4)	95	30min	10	+
E(5)	95	4h	10	+

注　1. 表格中最右侧"-"表示不加碳酸钠,"+"表示加碳酸钠,具体加的量前面有叙述。
　　2. 宜将含荧光增白剂和不含荧光增白剂的试验所用容器清楚地区分开。其他试验所用洗涤剂和商业洗涤剂中的荧光增白剂可能会沾污容器。如果在后来使用不含荧光增白剂的洗涤剂的试验中,使用这种沾污的容器,可能会影响试样色牢度的级数。

(3)对所有试验,洗涤结束后取出组合试样,分别放在三级水中清洗两次,然后在流动水中洗至干净。

(4)对所有方法,用手挤去组合试样上过量的水分。如果需要,留一个短边上的缝线,去除其余缝线,展开组合试样。

(5)将试样放在两张滤纸之间并挤压除去多余水分,再将其悬挂在不超过60℃的空气中干燥,试样与贴衬仅由一条缝线连接。

(6)用灰色样卡或仪器,对比原始试样,评定试样的变色和贴衬织物的沾色。

(三)耐汗渍色牢度测试

将纺织品试样与规定的贴衬织物合在一起,放在含有组氨酸的两种不同试液中,分别处理后,去除试液,放在试验装置内两块具有规定压力的平板之间,然后将试样和贴衬织物分别干燥。用灰色样卡评定试样的变色和贴衬织物的沾色。参考标准 GB/T 3922—2013。

1. 设备和材料

(1)试验设备。包括一个不锈钢架;一组重约5kg、底部面积约为11.5cm×6cm的重锤(包括弹簧压板);并附有尺寸约为11.5cm×6cm,厚度为0.15cm的玻璃板或丙烯酸树脂板,10cm×4cm组合试样,夹于板的中间。仪器结构应保证试样受压12.5kPa。

(2)恒温箱。在(37±2)℃保温,无通风装置。

(3)试剂。

①L-组氨酸盐酸盐一水合物($C_6H_9O_2N_3 \cdot HCl \cdot H_2O$)。

②氯化钠(NaCl),化学纯。

③磷酸氢二钠十二水合物($Na_2HPO_4 \cdot 12H_2O$)或磷酸氢二钠二水合物($N_2HPO_4 \cdot 2H_2O$),化学纯。

④磷酸二氢钠二水合物($Na_2H_2PO_4 \cdot 2H_2O$),化学纯。

⑤氢氧化钠(NaOH),化学纯。

(4)贴衬织物。每个组合试样需两块。每块尺寸为10cm×4cm,第一块用试样的同类纤维制成,第二块则由表5-3规定的纤维制成,或用一块多纤维贴衬织物。

表5-3 贴衬织物的纤维规定

第一块贴衬织物	第二块贴衬织物	第一块贴衬织物	第二块贴衬织物
棉	羊毛	醋脂	黏胶纤维
羊毛	棉	聚酰胺纤维	羊毛或黏胶纤维
丝	棉	聚酯纤维	羊毛或棉
麻	羊毛	聚丙烯晴纤维	羊毛或棉
黏胶纤维	羊毛		

(5)评定变色及沾色用灰色样卡。

2. 试样 如试样是织物,取10cm×4cm试样一块,夹在两块贴衬织物(表5-3)之间,或与一块多纤维贴衬织物相贴合并沿一短边缝合,形成一个组合试样。整个试验需要两个组合试样。印花织物试验时,正面与两块贴衬织物各一半相接触,剪下其余一半,交叉覆于背面,缝合二短边,或与一块多纤维贴衬织物相贴合,缝一短边。如不能包括全部颜色,需用多个组合试样。

3. 试液配制 试液用蒸馏水配制,现配现用。碱液配方见表5-4,酸液配方见表5-5。

表5-4 碱液配方(每升碱液)

成分	用量
L-组氨酸盐酸盐一水合物($C_6H_9O_2N_3 \cdot HCl \cdot H_2O$)	0.5g
氯化钠(NaCl)	5g
磷酸氢二钠十二水合物性($Na_2HPO_4 \cdot 12H_2O$)	5g
磷酸氢二钠二水合物($Na_2HPO_4 \cdot 2H_2O$)	2.5g
用$C(NaOH)=0.1mol/L$氢氧化钠溶液调整试液pH至8	

表5-5 酸液配方(每升酸液)

成分	用量
L-组氨酸盐酸盐一水合物($C_6H_9O_2N_3 \cdot HCl \cdot H_2O$)	0.5g
氯化钠(NaCl)	5g
磷酸二氢钠二水合物($NaH_2PO_4 \cdot 2H_2O$)	2.2g
最后用$C(NaOH)=0.1mol/L$氢氧化钠溶液调整试液pH至5.5	

4. 操作步骤

(1)在浴比为50:1的酸、碱试液里分别放入一块组合试样,使其完全润湿,然后在室温下放置30min,必要时可稍加压和拨动,以保证试液能良好而均匀地渗透。取出试样,倒去残液,用两根玻璃棒夹去组合试样上过多的试液,或把组合试样放在试样板上,用另一块试样板刮去过多的试液,试样夹在两块试样板中间。同样步骤放好其他组合试样,然后使试样受压12.5kPa,碱和酸试验使用的仪器要分开。

(2)把带有组合试样的酸、碱两组仪器放在恒温箱里,在(37±2)℃的温度下放置4h。

(3)拆去组合试样除一条短边外的所有缝线,展开组合试样,悬挂在温度不超过60℃的空气中干燥。

（4）用灰色样卡评定每一试样的变色和贴衬织物与试样接触一面的沾色。

图5-2　灰色样卡

四、评定沾色用灰色样卡的使用

本部分介绍纺织品色牢度试验中评定贴衬织物沾色程度的灰色样卡（图5-2）及其使用方法。介绍灰色样卡的精确测色级距值，可以作为永久记录以供新制作的灰色样卡及可能发生变化的灰色样卡对比之用。参考标准为 GB/T 251—2008/ISO 105－A03：1993。

（1）原理。基本灰色样卡即五档灰色样卡由五对无光的灰色或白色卡片（或灰色、白色布片）组成，根据观感色差分为五个整级色牢度档次，即5、4、3、2、1。在每两个档次中再补充一个半级档次，即4－5、3－4、2－3、1－2，就扩编为九档卡。每对的第一组成均是白色，第二组成只有色牢度是5级的与第一组成相一致，其他各对的第二组成依次变深，色差逐级增大，各级观感色差均经色度确定。整个色度规定如下。

（2）纸片或布片应是白色或中性灰色，并应在含有镜面反射光的条件下使用分光光度测色仪加以测定。色度数据应以 CIE 1964 补充标准色度系统（10 观察者）和 D_{65} 照明体计算。

（3）每对第一组成的三刺激值 Y 应不低于85。

（4）每对第二组成与第一组成的色差应符合表5-6规定。

表5-6

牢度等级	CIE LAB 色差	容差	牢度等级	CIE LAB 色差	容差
5	0	0.2	(2-3)	12.0	±0.7
(4-5)	2.2	±0.3	2	16.9	±1.0
4	4.3	±0.3	(1-2)	24.0	±1.5
(3-4)	6.0	±0.4	1	34.1	±2.0
3	8.5	±0.5			

注　括号里的数值仅适用于九档灰色样卡。

（五）灰色样卡的使用

将一块未沾色的贴衬织物（原贴衬）和色牢度试验中组合试样的一部分（试后贴衬）按同一方向并列紧靠置于同一平面，灰色样卡也靠近置于同一平面上。背景宜为中性灰颜色，近似变色用灰色样卡1级和2级之间（近似蒙赛尔色卡 N5）。如需避免背衬对纺织品外观的影响，可取未沾色未染色的纺织品两层或多层垫衬于原贴衬和试后贴衬之下。北半球用北空光照射，南半球用南空光照射，或用600lx 及以上等效光源。入射光宜与纺织品表面成约45°角，观察方向大致垂直于纺织品表面。按照本灰色样卡的级差来目测评定原贴衬和试后贴衬之间的色差。

试样的外观颜色在观察时会受到背景和遮盖材料颜色的影响。为了得到可靠的结果，遮盖原贴衬和遮盖试后贴衬的套板应当使用颜色一致的材料。宜使用中性色的背景材料和套板，若使用得当，灰色或黑色的套板也可以。例如：遮盖试后贴衬使用的是黑色套板，那么原贴衬也应当,使用完全一致的黑色材料。如果只使用唯一的中性色遮盖物,那么应当把试后贴衬和原贴衬完全包围。

如果使用的是五档灰色样卡,当原贴衬和试后贴衬之间的观感色差相当于灰色样卡某等级所具有的观感色差时,该级数就作为该试样的沾色牢度级数。如果原贴衬和试后贴衬之间的观感色差接近于灰色样卡某两个等级的中间,则试样的沾色牢度级数评定为中间等级,如 4 – 5 级或 2 – 3 级。只有当试后贴衬和原贴衬之间没有观感色差时才可定为 5 级。

如果使用的是九档灰色样卡,当原贴衬和试后贴衬之间的观感色差最接近于灰色样卡某等级所具有的观感色差时,该级数就作为该试样的沾色牢度级数。只有当试后贴衬和原贴衬之间没有观感色差时才可定为 5 级。

在作出一批试样的评级之后,要将评定为同级的各对原贴衬和试后贴衬相互间再作比较。这样能看出评级是否一致,因为此时评级上的任何差错都会显得特别突出。若某对的色差程度和同组的其他各对不一致时,宜重新对照灰色样卡再作评定,必要时宜改变原来评定的色牢度级数。

项目二　织物 pH 的测试标准及检测

一、任务引入

面料在生产及处理过程中的各道工序都不可避免地会使织物带上碱。即使充分洗涤也会有一定量的碱残留于织物中,从而造成织物 pH 偏高。当今生态纺织品及国家强制标准要求服用纺织品必须呈弱酸性。因为纺织品的 pH 在弱酸性和中性之间有利于人体皮肤的保护,国标中规定织物 pH 在 4.0 ~ 7.5 为好。pH 测试目前主要采用纺织品水萃取液 pH 的测定方法,重点是标准缓冲溶液的制备及其整个操作步骤。参考标准为 AATCC 81—2006《湿处理纺织品水萃取液 pH 的测定》,GB/T 7573—2009《纺织品水萃取液 pH 的测定》,ISO 3071:2005《纺织品水萃取液 pH 的测定》。

二、名词及术语

pH　水萃取液中氢离子浓度的负对数。以 g/L 表示氢离子活度的负对数,其范围为 0 ~ 14,7 代表中性,越小于 7 表示酸性越强,越大于 7 表示碱性越强。

三、任务实施

(一)检测仪器及工具

本任务的测试原理是室温下用带有玻璃电极的 pH 计测定纺织品水萃取液的 pH。所以需要的主要检测仪器是 pH 计及蒸馏水等试剂(图 5 – 3)。

1. 试剂　所有试剂均为分析纯。

(1)蒸馏水或去离子水。至少满足 GB/T 6682—2008 三级水的要求,pH 为 5.0 ~ 7.5。第一次使用前应检验水的 pH。如果 pH 不在规定的范围内,可用化学性质稳定的玻璃仪器重新蒸馏或使用其他方法使水的 pH 达标。酸或有机物质可以通过蒸馏 1g/L 的高锰酸钾和 4g/L 的氢氧化钠的方式去除。碱(例如,氨存在时)可以通过蒸馏稀硫酸去除。如果蒸馏水不是三级水,可在烧杯中以适当的速率将 100mL 蒸馏水煮沸(10 ± 1)min,盖上盖子冷却至室温。

（a）pH计　　　　　　　　（b）振荡器

图5-3　pH计及振荡器

（2）0.1mol/L氯化钾溶液,用蒸馏水或去离子水配制。

（3）缓冲溶液,用于测试之前校正pH计。与待测溶液的pH相近,推荐使用的缓冲溶液pH在4、7或9左右。

2. 仪器设备

（1）具塞玻璃或聚丙烯烧杯。250mL,化学性质稳定,用于制备水萃取液。

注:建议所用的玻璃器皿仅用于本试验,并单独放置,在闲置不用时用蒸馏水注满,下同。

（2）机械振荡器。能进行旋转或往复运动以保证样品内部与萃取液之间进行充分的液体交换,往复式速度至少为60次/min,旋转式速度至少为30周/min。

（3）烧杯。150mL,化学性质稳定。

（4）玻璃棒。化学性质稳定。

（5）量筒。100mL,化学性质稳定。

（6）pH计。配备玻璃电极,测量精度至少精确到0.1。

（7）天平。精度0.01。

（8）容量瓶。1L,A级。

（二）试样制备

从批量大样中选取有代表性的实验室样品,其数量应满足全部测试,将样品剪成约5mm×5mm的碎片,以便样品能够迅速润湿。避免污染和用手直接接触样品,每个测试样品准备3个平行样,每个称取(2.00+0.05)g。

（三）检测过程

1. 标准缓冲溶液的制备

（1）概要。所有试剂均为分析纯,配制缓冲溶液的水至少满足GB/T 6682—2008三级水的要求,每月至少更换一次。

（2）0.05mol/L邻苯二甲酸氢钾缓冲溶液(pH=4.0)。称取10.21g邻苯二甲酸氢钾,放入1L容量瓶中,用去离子水或蒸馏水溶解后定容到刻度,该溶液在20℃的pH为4.0,在25℃时的pH为4.01。

（3）0.08mol/L磷酸二氢钾和磷酸氢二钠缓冲溶液(pH=6.9)。称取3.9g磷酸二氢钾和3.54g磷酸氢二钠,放入1L容量瓶中,用去离子水或蒸馏水溶解后定容到刻度,该溶液在20℃的pH为6.87,在25℃时的pH为6.86。

（4）0.01mol/L 四硼酸钠缓冲溶液（pH＝9.2）。称取 3.80g 四硼酸钠十水合物，放入 1L 容量瓶中，用去离子水或蒸馏水溶解后定容到刻度，该溶液在 20℃的 pH 为 9.23，在 25℃时 pH 为 9.18。

2. pH 计标定

（1）pH 计操作步骤。以雷磁 PHS－3C 型 pH 计标定为例介绍操作步骤如下。

①打开电源开关，按"pH/mV"按钮，使仪器进入 pH 测量状态。

②按"温度"按钮，使显示为溶液温度值，然后按"确认"键，仪器确定溶液温度后回到 pH 测量状态。

③把用三级水清洗后的电极插入 pH＝7.01 或 pH＝6.86 的标准缓冲液中，待读数稳定后按"定位"键和"确定"键使读数为该溶液当时温度下的 pH（例如，25℃下 pH＝6.86 或 pH＝7.01），然后按"确认"键，仪器进入 pH 测量状态。标准缓冲溶液的 pH 与温度关系的对照表见校准液包装。

④把用蒸馏水清洗过的电极插入 pH＝4.00 或 pH＝4.01（或 pH＝9.18 或 pH＝10.01）的标准缓冲液中，待读数稳定后按"斜率"键和"确认"键使读数为该溶液当时温度下的 pH（例如，标准校准液 25℃时，pH＝4.00 或 pH＝4.01），然后按"确认"键，仪器进入 pH 测量状态，标定完成。用蒸馏水清洗电极后即可对被测溶液进行测量。

（2）pH 计标定注意事项。

①经标定后，"定位"键及"斜率"键不能再按，如果触动此键，此时仪器 pH 指示灯闪烁，请不要按"确认"键，而是按"pH/mV"键，使仪器重新进入 pH 测量即可，而无须再进行标定。

②标定的缓冲溶液一般第一次用 pH＝7.01 或 pH＝6.86 的溶液，第二次用接近被测溶液 pH 的缓冲液，如被测溶液为酸性时，缓冲溶液应选 pH＝4.00 或 pH＝4.01；如被测溶液为碱性则选 pH＝10.01 或 pH＝9.18 的缓冲溶液。

③用两种缓冲溶液标定为两点校准，用三种缓冲溶液标定为三点校准。实验室规定每天至少一次三点校准。

④pH 电极不用时不要浸在被测液和水中，要套在装有 3mol/L 的 KCl 溶液中。

3. 水萃取液的制备　室温一般控制在 10～30℃范围内。

在室温下制备三个平行样的水萃取液：在具塞烧瓶中加入一份试样和 100mL 水或氯化钾，盖紧瓶塞，充分摇动片刻，使样品完全湿润，将烧瓶置于机械振荡器上振荡 2h＋5min，记录萃取液的温度。如果实验室能够确认振荡 2h 与振荡 1h 的试验结果无明显差异，可采用振荡 1h 进行测定。

4. 水萃取液 pH 的测量

（1）将第一份萃取液倒入烧杯，迅速把校定好的 pH 计电极浸没到液面下至少 10mm 的深度，用玻璃棒轻轻地搅拌溶液直到 pH 示值稳定（本次测定值不记录）。

（2）将第二份萃取液倒入另一个烧杯，迅速把电极（不清洗）浸没到液面下至少 10mm 的深度，静置直到 pH 稳定并记录。

（3）取第三份萃取液，迅速把电极（不清洗）浸没到液面下至少 10mm 的深度，静置直到 pH 稳定并记录。

（4）记录的第二份萃取液和第三份萃取液的 pH 作为测量值。

5. 计算　如果两个 pH 测量值之间差异（精确到 0.1）大于 0.2，则另取其他试样重新测试，直至得到两个有效的测量值,计算其平均值,结果保留一位小数。

6. 精密度 九个实验室联合对 7 个试样进行试验,经统计分析后得到下列结果:

使用水作为萃取介质:再现性限 R = 1.7pH 单位。

使用氯化钾溶液作为萃取介质:再现性 R = 1.1pH 单位。

项目三 织物中甲醛含量测试标准及检测

一、任务引入

经树脂整理、固色整理、涂料印花等各种染整加工后的织物,在穿着和储运过程中,在温度和湿度的作用下,会不同程度地释放甲醛,污染环境、刺激人体,影响健康,所以对织物释放的甲醛要进行严格控制。本任务主要介绍游离和水解的甲醛(水萃取法)的测定方法及仪器的操作。本任务实施人员应有正规实验室工作的实践经验。使用者有责任采取适当的安全和健康措施,并保证国家有关法规规定的条件。参考标准为 GB/T 2912.1—2009《纺织品 甲醛的测定 第 1 部分:游离和水解的甲醛(水萃取法)》。

二、名词及术语

游离甲醛 通俗地讲,就是在织物后处理、板材、家具、涂料、胶黏剂生产过程中,需要大量的甲醛作为载体,但甲醛在高温的生产线中,大部分的甲醛已经参与了化学反应,已不再是甲醛,这类已经反应掉的甲醛对人体已经没有危害。但在生产的过程中,有一小部分的甲醛没有参加反应,就变成了游离甲醛。

三、任务实施

(一)检测仪器及工具

本任务的检测原理是试样在 40℃ 的水浴中萃取一定时间,萃取液用乙酰丙酮显色后,在 412nm 波长下,用分光光度计测定显色液中甲醛的吸光度,对照标准甲醛工作曲线,计算出样品中游离甲醛的含量。本任务使用的主要仪器是分光光度计(图 5-4)、恒温水浴锅等。

图 5-4 分光光度计

1. 试剂(所有试剂均为分析纯)

(1)蒸馏水或三级水。

(2)乙酰丙酮试剂(纳氏试剂)。

在 1000mL 容量瓶中加入 150g 乙酸铵,用 800mL 水溶解,然后加 3mL 冰乙酸和 2mL 乙酰丙酮,用水稀释至刻度,用棕色瓶储存。需要注意的是,储存开始 12h 颜色逐渐变深,为此,用前必须储存 12h,有效期为 6 周。经长时间储存后,其灵敏度会稍有变化,故每星期应作一校正曲线与标准曲线校对为妥。

(3)甲醛溶液。浓度约为 37%(质量浓度)。

(4)双甲酮的乙醇溶液。1g 双甲酮(二甲基二羟基 – 间苯二酚或 5,5 – 二甲基环己烷 – 1, 3 – 二酮)用乙醇溶解并稀释至 100mL。现用现配。

2. 设备和器具

(1)容量瓶。规格分别为 50mL,250mL,500mL,1000mL。

(2)250mL 碘量瓶或具塞三角烧瓶。

(3)容量为 1mL,5mL,10mL,25mL 和 30mL 的单标移液管及 5mL 刻度移液管。

(4)容量为 10mL,50mL 的量筒。

(5)分光光度计(波长 412nm)。

(6)具塞试管及试管架。

(7)恒温水浴锅,(40 ±2)℃。

(8)2 号玻璃漏斗式滤器(符合 GB/T 11415—1989 的规定)。

(9)天平,精度为 0.1mg。

(二)甲醛标准溶液和标准曲线的制备

1. 约 1500ug/mL 甲醛原液的制备(也可以直接购买) 甲醛原液的标定——亚硫酸钠法,原理:甲醛原液与过量的亚硫酸钠反应,用标准酸液在百里酚酞指示下进行反滴定。

(1)试剂。亚硫酸钠(称取 126g 无水亚硫酸钠放入 1L 的容量瓶,用水稀释至标记,摇匀)、百里酚酞指示剂(1g 百里酚酞溶解于 100mL 乙醇溶液中)、硫酸(0.01mol/L)。

(2)操作程序。移取 50mL 亚硫酸钠入三角烧杯中,加百里酚酞指示剂 2 滴,如需要,加几滴硫酸直至蓝色消失。移 10mL 甲醛原液至瓶中(蓝色将再出现),用硫酸滴定至蓝色消失,记录用酸体积。上述操作程序重复进行一次。

(3)计算。用下式计算原液中甲醛浓度。

$$c = \frac{V_1 \times 0.6 \times 1000}{V_2}$$

式中:c——甲醛原液中的甲醛浓度,$\mu g/mL$;

V_1——硫酸溶液用量,mL;

V_2——甲醛溶液用量,mL。

其中,0.6 表示与 1mL 0.01mol/L 硫酸相当的甲醛的质量,mg。

计算两次结果的平均值,并用上式得出的浓度绘制用于比色分析的工作曲线。

2. 稀释 相当于 1g 样品中加入 100mL 水,样品中甲醛的含量等于标准曲线上对应的甲醛浓度的 100 倍。

(1)标准溶液(S2)的制备。吸取 10mL 甲醛溶液放入容量瓶中用水稀释至 200mL,此溶液含甲醛 75mg/L。

(2)校正溶液的制备。根据标准溶液(S2)制备校正溶液。在 500mL 容量瓶中用水稀释下列所示溶液中至少 5 种浓度:

1mL S2 至 500mL,含 0.15μg 甲醛/mL = 15mg 甲醛/kg 织物;

2mL S2 至 500mL,含 0.30μg 甲醛/mL = 30mg 甲醛/kg 织物;

3mL S2 至 500mL,含 0.75μg 甲醛/mL = 75mg 甲醛/kg 织物;

10mL S2 至 500mL,含 1.50μg 甲醛/mL = 150mg 甲醛/kg 织物;

15mL S2 至 500mL,含 2.25μg 甲醛/mL = 225mg 甲醛/kg 织物;

20mL S2 至 500mL,含 3.00μg 甲醛/mL =300mg 甲醛/kg 织物;

30mL S2 至 500mL,含 4.50μg 甲醛/mL =450mg 甲醛/kg 织物;

40mL S2 至 500mL,含 6.00μg 甲醛/mL =600mg 甲醛/kg 织物。

计算工作曲线 $y = a + bx$,此曲线用于所有测量数值,如果试样中甲醛含量高于 500mg/kg,稀释样品溶液。

注　若要使校正溶液中的甲醛浓度和织物试验溶液中的浓度相同,必须进行双重稀释。如果每千克织物中含有 20mg 甲醛,用 100mL 水萃取 1.00g 样品溶液中含有 20μg 甲醛,依此类推,则 1mL 试验溶液中的甲醛含量为 0.2μg。

(三)检测过程

1. 试样制备　从样品上取两块试样剪碎,称取 1g,精确至 10mg。如果甲醛含量过低,增加试样量至 2.5g,以获得满意的精度。将每个试样放入 250mL 的碘量瓶或具塞三角烧瓶中,加 100mL 水,盖紧盖子,放入(40 +2)℃水浴中振荡(60 +5)min,用过滤器过滤至另一碘量瓶或三角烧瓶中,供分析用。若出现异议,采用调湿后的试样质量计算校正系数,校正试样的质量。从样品上剪取试样后立即称量,按照 GB/T 6529—2008 进行调湿后再称量,用二次称量值计算校正系数,然后用校正系数计算出试样校正质量。

2. 步骤

(1)用单标移液管吸取 5mL 过滤后的样品溶液放入一试管,各吸取 5mL 标准甲醛溶液分别放入试管中,分别加 5mL 乙酰丙酮溶液,摇动。

(2)首先把试管放在(40 +2)℃水浴中显色(30 +5)min,然后取出,常温下避光冷却(30 +5)min,用 5mL 蒸馏水加等体积的乙酰丙酮作空白对照,用 10mm 的吸收池在分光光度计 412nm 波长处测定吸光度。

(3)若预期从织物上萃取的甲醛含量超过 500mg/kg,或试样采用 5 : 5 比例,计算结果超过 500mg/kg 时,稀释萃取液使之吸光度工作曲线在规定范围内(在计算结果时,要考虑稀释因素)。

(4)如果样品的溶液颜色偏深,则取 5mL 样品溶液放入另一试管,加 5mL 水,按上述操作,用水作空白对照。

(5)做两个平行试验。这里要注意是将已显现出的黄色暴露于阳光下一定的时间会造成褪色,因此,在测定过程中应避免在强烈阳光下操作。

(6)如果怀疑吸光值不是来自甲醛而是由样品溶液的颜色产生的,用双甲酮进行一次确认试验。

(7)双甲酮确认试验。取 5mL 样品溶液放入一试管(必要时稀释),加入 1mL 双甲酮乙醇溶液并摇动,把溶液放入(40 +2)℃水浴中显色(10 +1)min,加入 5mL 乙酰丙酮试剂摇动,继续操作,对照溶液用水而不是样品萃取液。来自样品的甲醛在 412nm 的吸光度将消失。

(四)检测数据处理及检测分析

结果计算和表示。用下式来校正样品吸光度:

$$A = A_s - A_b - A_d$$

式中:A——校正吸光度;

A_s——试验样品中测得的吸光度;

A_b——空白试剂中测得的吸光度；

A_d——空白样品中测得的吸光度(仅用于变色或沾污的情况下)。

用校正后的吸光度数值，通过工作曲线查出甲醛含量，用 μg/mL 表示。

用下式计算从每一样品中萃取的甲醛量：

$$F = \frac{c \times 100}{m}$$

式中：F——从织物样品中萃取的甲醛含量，mg/kg；

c——读自工作曲线上的萃取液中的甲醛浓度，μg/mL；

m——试样的质量，g。

取两次检测结果的平均值作为试验结果，计算结果修约至整数位。如果结果小于 20mg/kg，试验结果报告"未检出"。

项目四　纺织品中禁用偶氮染料的测定标准与检测

一、任务引入

当前纺织品中偶氮染料的测定是把纺织样品放在柠檬酸盐缓冲溶液介质中，用连二亚硫酸钠还原分解以产生可能存在的致癌芳香胺，用适当的液—液分配柱提取溶液中的芳香胺，浓缩后，用合适的有机溶剂定容，用配有质量选择检测器的气相色谱仪(GC/MSD)进行测定，必要时，选用另外一种或多种方法对异构体进行确认，用配有二极管阵列检测器的高效液相色谱仪(HPLC/DAD)或气相色谱、质谱仪进行定量。参考标准为 GB/T 17592—2011。

二、名词及术语

1. 柠檬酸盐缓冲液(0.06mol/L，pH = 6.0)　取 12.526g 柠檬酸和 6.320g 氢氧化钠，溶于水中，定容至 1000mL。

2. 连二亚硫酸钠水溶液　200mg/mL 水溶液。临用时取干粉状连二亚硫酸钠($Na_2S_2O_4$ 含量≥85%)制备。

3. 芳香胺标准储备溶液(1000mg/L)　用甲醇或其他合适的溶剂将本项目附录 A 所列的芳香胺标准物质分别配制成浓度约为 1000mg/L 的储备溶液。

4. 芳香胺标准工作溶液(20mg/L)　从标准储备溶液中取 0.20mL 置于容量瓶中，用甲醇或其他合适溶剂定容至 10mL。

5. 混合内标溶液(10μg/mL)　用合适溶剂将下列内标化合物配制成浓度约为 10μg/mL 的混合溶液。

萘 – d8　　　　　　CAS 编号：1146 – 65 – 2

2,4,5 – 三氯苯胺　　CAS 编号：636 – 30 – 6

蒽 – d10　　　　　　CAS 编号：1719 – 06 – 8

6. 混合标准工作溶液(10μg/mL)　用混合内标溶液将本项目附录 A 所列的芳香胺标准物质分别配制成浓度约为 10μg/mL 混合标准工作溶液。

三、任务实施

（一）检测仪器与试剂

1. 试剂和材料

（1）乙醚。如需要,使用前取 500mL 乙醚,用 100mL 硫酸亚铁溶液(5% 水溶液)剧烈振摇,弃去水层,置于全玻璃装置中蒸馏,收集 33.5~34.5℃馏分。

（2）甲醇。

（3）硅藻土。多孔颗粒状硅藻土,于 600℃灼烧 4h,冷却后储藏于干燥器内备用。

2. 设备和仪器

（1）反应器。具密闭塞,约 60mL,由硬质玻璃制成管状。

（2）恒温水浴锅。能控制温度(70 + 2)℃。

（3）提取柱。20cm × 2.5cm(内径)玻璃柱或聚丙烯柱,能控制流速,填装时,先在底部垫少许玻璃棉,然后加入 20g 硅藻土,轻击提取柱,使填装结实,或其他经验证明符合要求的提取柱。

（4）真空旋转蒸发器。

（5）高效液相色谱仪(图 5 -5),配有二极管阵列检测器(DAD)。

（6）气相色谱仪(图 5 -6),配有质量选择检测器(MSD)。

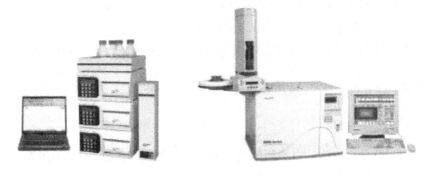

图 5 -5　高效液相色谱仪　　　　图 5 -6　气相色谱仪

（二）分析步骤

1. 试样的制备和处理　取有代表性试样,剪成约 5mm × 5mm 的小片,混合,从混合样中称取 1.0g,精确至 0.01g,置于反应器中,加入 17mL 预热(70 + 2)℃的柠檬酸盐缓冲溶液,将反应器密闭,用力振摇,使所有试样浸于液体中,置于已恒温至(70 + 2)℃的水浴中保温 30min,使所有的试样充分润湿,然后,打开反应器,加入 3.0mL 连二亚硫酸钠溶液,并立即密闭振摇,反应器再于(70 + 2)℃水浴中保温 30min,取出后 2min 内冷却到室温。不同的试样前处理方法,其试验结果没有可比性,本项目附录 B 中先经萃取,然后再还原处理的方法供选择,如果选择本项目附录 B 的方法,应在试验报告中说明。

2. 萃取和浓缩

（1）萃取。用玻璃棒挤压反应器中试样,将反应液全部倒入提取柱内,任其吸附 15min,用 4 × 20mL 乙醚四次洗提反应器中的试样,每次需混合乙醚和试剂,然后将乙醚洗液滗入提取柱中,控制流速,收集乙醚提取液于圆底烧瓶中。

（2）浓缩。将上述收集的盛有乙醚提取液的圆底烧瓶置于真空旋转蒸发器上，于35℃左右的温度低真空下浓缩至近1mL，再用缓氮气流驱除乙醚溶液，使其浓缩至近干。

（3）气相色谱/质谱定性分析。

3. 分析条件　由于测试结果取决于所使用的仪器，因此不可能给出色谱分析的普遍参数，采用下列操作条件已被证明对测试是合适的。

（1）毛细管色谱柱。DB－5MS 30m×0.25mm×0.25μm，或相当者。

（2）进样口温度：250℃。

（3）柱温。$60℃(1min)\xrightarrow{12℃/min}210℃\xrightarrow{15℃/min}230℃\xrightarrow{3℃/min}250℃\xrightarrow{25℃/min}280℃$。

（4）质谱接口温度。选用270℃。

（5）质量扫描范围。扫描范围为35～350amu。

（6）进样方式。不分流进样。

（7）载气。氦气（≥99.999%），流量为1.0mL/min。

（8）进样量。1μL。

（9）离化方式。EI。

（10）离化电压。70eV。

（11）溶剂延迟。3.0min。

4. 定性分析　准确称取1.0mL甲醇或其他合适的溶剂加入浓缩至近干的圆底烧瓶中，混匀，静置。然后分别取1μL标准工作溶液与试样溶液注入色谱仪，按上述分析条件操作，通过比较试样与标样的保留时间及特征离子进行定性，必要时，选用另外一种或多种方法对异构体进行确认。

注意：采用上述分析条件时，致癌芳香胺标准物GC/MS总离子流图参见本项目附录C的附图1。

5. 定量分析方法

（1）HPLC/DAD分析方法。由于测试结果取决于所使用的仪器，因此不可能给出色谱分析的普遍参数，采用下列操作条件已被证明对测试是合适的。

①色谱柱。ODS C_{18}（250mm×4.6mm×5μm），或相当者。

②流量。0.8～1.0mL/min。

③柱温。40℃。

④进样量。10μL。

⑤检测器。二极管阵列检测器（DAD）。

⑥检测波长。240nm，280nm，305nm。

⑧流动相A。甲醇。

⑨流动相B。0.575g磷酸二氢铵和0.7g磷酸氢二钠，溶于1000mL二级水中，pH＝6.9。

⑩梯度。起始时用15%流动相A和85%流动相B，然后在45min内成线性地转变为80%流动相A和20%流动相B，保持5min。

准确称取1.0mL甲醇或其他合适的溶剂加入浓缩至近干的圆底烧瓶中，混匀，静置。然后分别取10μL标准工作溶液与试样溶液注入色谱仪，按上述条件操作，外标法定量。

注：采用上述分析条件时，致癌芳香胺标准物HPLC总离子流图参见本项目附录C的附图2。

（2）GC/MSD 分析方法。准确称取 1.0mL 内标溶液加入浓缩至近干的圆底烧瓶中，混匀，静置。然后分别取 1μL 混合标准工作溶液与试样溶液注入色谱仪，按前文分析条件操作，可选用选择离子方式进行定量，内标定量分组参见本项目附录 D.

（三）结果计算和表示

1. 计算方法

（1）外标法。试样中分解出芳香胺 i 的含量按下式计算：

$$X_i = \frac{A_i \times c_i \times V}{A_{iS} \times m}$$

式中：X_i——试样中分解出芳香胺 i 的含量，mg/kg；

$\quad\quad A_i$——样液中芳香胺 i 的峰面积（或峰高）；

$\quad\quad c_i$——标准工作溶液中芳香胺 i 的浓度，mg/L；

$\quad\quad V$——样液最终体积，mL；

$\quad\quad A_{iS}$——标准工作溶液中芳香胺 i 的峰面积（或峰高）；

$\quad\quad m$——试样量，g。

（2）内标法。试样中分解出芳香胺 i 的含量按下式计算：

$$X_i = \frac{A_i \times c_i \times V \times A_{isc}}{A_{iS} \times m \times A_{iss}}$$

式中：X_i——试样中分解出芳香胺 i 的含量，mg/kg；

$\quad\quad A_i$——样液中芳香胺 i 的峰面积（或峰高）；

$\quad\quad c_i$——标准工作溶液中芳香胺 i 的浓度，mg/L；

$\quad\quad V$——样液最终体积，mL；

$\quad\quad A_{isc}$——标准工作溶液中内标的峰面积（或峰高）；

$\quad\quad A_{is}$——标准工作溶液中芳香胺 i 的峰面积（或峰高）；

$\quad\quad m$——试样量，g；

$\quad\quad A_{iss}$——样液中内标的峰面积。

2. 结果表示　试验结果以各种芳香胺的检测结果分别表示，计算结果表示到个位数，低于测定低限时，试验结果为未检出。

附录 A

附表 1　致癌芳香胺名称及其标准物的 GC/MS 定性选择特征离子

序号	化学名	CAS 编号	特征离子（amu）
1	4 - 氨基联苯（4 - aminobiphenyl）	92 - 67 - 1	169
2	联苯胺（benxidine）	92 - 87 - 5	184
3	4 - 氯邻甲苯胺（4 - chloro - o - toluidine）	95 - 69 - 2	141
4	2 - 萘胺（2 - naphthylamine）	91 - 59 - 8	143
5	邻氨基偶氮甲苯（o - aminoazotoluene）	97 - 56 - 3	
6	5 - 硝基 - 邻甲苯胺（5 - nitro - o - toluidine）	99 - 55 - 8	
7	对氯苯胺（p - chloroaniscle）	106 - 47 - 8	127

序号	化学名	CAS 编号	特征离子(amu)
8	2,4'二氨基苯甲醚(2,4 - diaminoaniscle)	615 - 05 - 4	138
9	4,4' - 二氨基二苯甲烷(4,4' - diaminobiphenylmethane)	101 - 77 - 9	198
10	3,3' - 二氯联苯胺(3,3' - dichlorobenzidine)	91 - 94 - 1	252
11	3,3' - 二甲氧基联苯胺(3,3' - dimethoxybenzidine)	119 - 90 - 4	244
12	3,3' - 二甲基联苯胺(3,3' - dimethylbenzidine)	119 - 93 - 7	212
13	3,3' - 二甲基 - 4,4' - 二氨基二苯甲烷(3,3' - dimethyl - 4,4' - diaminobiphenylmethane)	838 - 88 - 0	226
14	2 - 甲氧基 - 5 甲基苯胺(p - cresidine)	120 - 71 - 8	137
15	4,4' - 亚甲基二(2 - 氯苯胺)[4,4' - methylene - (2 - chloroaniliae)]	101 - 14 - 4	266
16	4,4' - 二氨基二苯醚(4,4' - oxydianiline)	101 - 80 - 4	200
17	4,4' - 二氨基二苯硫醚(4,4' - thiodianiline)	139 - 65 - 1	216
18	邻甲苯胺(o - toluidine)	95 - 53 - 4	107
19	2,4 - 二氨基甲苯(2,4 - toluylenediamine)	95 - 80 - 7	122
20	2,4,5 - 三甲基苯胺(2,4,5 - trimethylaniline)	137 - 17 - 7	135
21	邻氨基苯甲醚(o - anisidine/2 - methoxyaniline)	90 - 04 - 0	123
22	4 - 氨基偶氮苯(4 - aminoazobenzene)	60 - 09 - 3	
23	2,4 - 二甲基苯胺(2,4 - xylidine)	90 - 04 - 0	121
24	2,6 - 二甲基苯胺(2,6 - xylidine)	90 - 04 - 0	121

注 1. 经本方法检测,邻氨基偶氮甲苯(CAS 编号 97 - 56 - 3)分解为邻甲苯胺,5 - 硝基 - 邻甲苯胺(CAS 编号 99 - 55 - 8)分解为2,4 - 二氨基甲苯。

2. 苯胺(CAS 编号 62 - 53 - 3)特征离子为93amu,1,4 - 苯二胺(CAS 编号 106 - 50 - 3)特征离子为108amu。

附录 B
聚酯试样的预处理方法

B.1 试剂

采用以下试剂:

a)氯苯

b)二甲苯(异构体混合物)

B.2 仪器与设备

采用附图 1 所示的萃取装置或其他合适的装置。

B.3 样品前处理

B.3.1 样品前处理

取有代表性试样,剪成约合适的小片,混合,从混合样中称取 1.0g (精确至 0.01g),用无色纱线扎紧,在萃取装置的蒸汽室内垂直放置,冷

附图 1 萃取装置

凝溶剂可从样品上流过。

B.3.2 抽提

加入 25mL 氯苯抽提 30min，或者用二甲苯抽提 45min，令抽提液冷却到室温，在真空旋转蒸发器上 45℃～60℃驱除溶剂，得到少量残余物，这个残余物用 2mL 的甲醇转移到反应器中。

B.3.3 还原裂解

在上述反应器中加入 15mL 预热到(70＋2)℃的缓冲溶液，将反应器放入(70＋2)℃的水浴中处理 30min，然后加 3.0mL 连二亚硫酸钠溶液，并立即混合剧烈振摇以还原裂解偶氮染料，在(70＋2)℃的水浴中保温 30min 还原后 2min 冷却到室温。

附录 C
致癌芳香胺标准物色谱图(附图 2,附图 3)

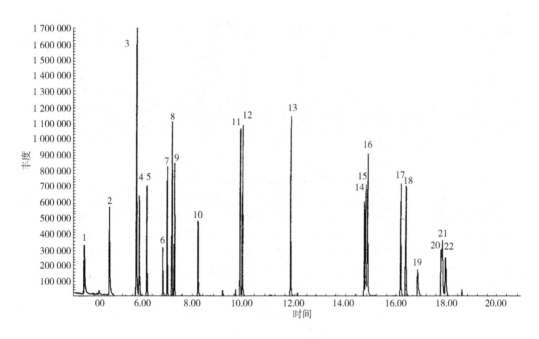

附图 2 致癌芳香胺标准物 GC/HS 总离子流色谱图

1—苯胺 2—邻甲苯胺 3—2,4－二甲基苯胺 2,6－二甲基苯胺 4—邻氨基苯甲醚 5—对氯苯胺

6—1,4 苯二胺 7—2－甲氧基－5 甲基苯胺 8—2,4,5－三甲基苯胺 9—4－氯邻甲苯胺

10—2,4－二氨基甲苯 11—2,4－二氨基苯甲醚 12—萘胺 13—4－氨基联苯 14—4,4′－二氨基二苯醚

15—联苯胺 16—4,4′－二氨基二苯甲烷 17—3,3′－二甲基－4,4′－二氨基二苯甲烷

18—3,3′－二甲基联苯胺 19—4,4′－二氨基二苯硫醚 20—3,3′－二氯联苯胺

21—4,4′－亚甲基－二－(2－氯苯胺) 22—3,3′－二甲氧基联苯胺

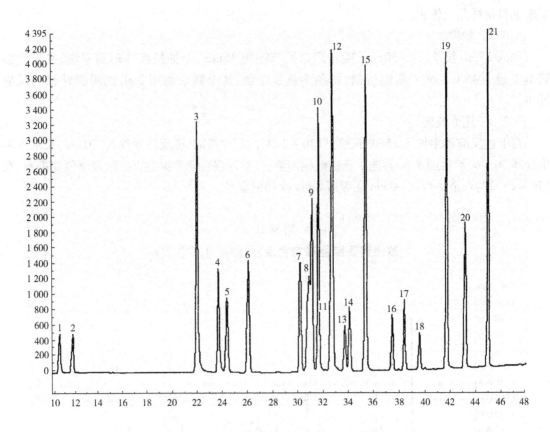

附图 3　致癌芳香胺标准物 HPLC 色谱图

1—2,4 - 二氨基苯甲醚　2—2,4 - 二氨基甲苯　3—联苯胺　4—4,4' - 二氨基二苯醚

5—邻氨基苯甲醚　6—邻甲苯胺　7—4,4' - 二氨基二苯甲烷　8—对氯苯胺　9—3,3' - 二甲氧基联苯胺

10—3,3' - 二甲基联苯胺　11—2 - 甲氧基 - 5 甲基苯胺　12—4,4' - 二氨基二苯硫醚　13—2,6 - 二甲基苯胺

14—2,4 - 二甲基苯胺　15—2 - 萘胺　16—4 - 氯邻甲苯胺　17—3,3' - 二甲基 - 4,4' - 二氨基二苯甲烷

18—2,4,5 - 三甲基苯胺　19—4 - 氨基联苯　20—3,3' - 二氯联苯胺　21—4,4' - 亚甲基 - 二 - (2 - 氯苯胺)

附录 D
附表 2　内标定量分组

序号	化学名	所用内标
1	邻甲苯胺(o - toluidine)	
2	2,4 - 二甲基苯胺(2,4 - xylidine)	
3	2,6 - 二甲基苯胺(2,6 - xylidine)	
4	邻氨基苯甲醚(o - anisidine/2 - methoxyaniline)	
5	对氯苯胺(p - chloroaniscle)	萘 - d8
6	2,4,5 - 三甲基苯胺(2,4,5 - trimethylaniline)	
7	2 - 甲氧基 - 5 甲基苯胺(p - cresidine)	
8	4 - 氯邻甲苯胺(4 - chloro - o - toluidine)	
9	2,4 - 二氨基甲苯(2,4 - toluylenediamine)	

续表

序号	化学名	所用内标
10	2,4'二氨基苯甲醚(2,4 - diaminoaniscle)	2,4,5 - 三氯苯胺
11	2 - 萘胺(2 - naphthylamine)	
12	4 - 氨基联苯(4 - aminobiphenyl)	蒽 - d10
13	4,4' - 二氨基二苯醚(4,4' - oxydianiline)	
14	联苯胺(benxidine)	
15	4,4' - 二氨基二苯甲烷(4,4' - diaminobiphenylmethane)	
16	3,3' - 二甲基 - 4,4' - 二氨基二苯甲烷(3,3' - dimethyl - 4,4' - diaminobiphenylmethane)	
17	3,3' - 二甲基联苯胺(3,3' - dimethylbenzidine)	
18	4,4' - 二氨基二苯硫醚(4,4' - thiodianiline)	
19	3,3' - 二氯联苯胺(3,3' - dichlorobenzidine)	
20	3,3' - 二甲氧基联苯胺(3,3' - dimethoxybenzidine)	
21	4,4' - 亚甲基二(2 - 氯苯胺)[4,4' - methylene - (2 - chloroaniliae)]	

项目五 纺织品异味的检测

一、任务引入

异味的检测采用嗅觉法,操作者应是经过训练和考核的专业人员。样品开封后,立即进行该项目的检测。检测应在洁净的无异常气味的环境中进行。操作者洗净双手后戴手套,双手拿起样品靠近鼻孔,仔细嗅闻样品所带有的气味,如检测出有霉味、高沸程石油味(如汽油、煤油味)、鱼腥味、芳香烃气味中的一种或几种,则判为"有异味",并记录异味类别;否则判为"无异味"。应由 2 人独立检测,并以 2 人一致的结果为样品检测结果。如 2 人检测结果不一致,则增加 1 人检测,最终以 2 人一致的结果为样品检测结果。

二、名词及术语

1. **霉味** 霉味是微生物代谢时产生的气味,服装使用环境中既有菌体合适的温湿度,又有人体排泄物,微生物极易生长繁殖,另外,纺织品服装在运输或存储中可能遭遇潮湿环境从而产生霉味。

2. **高沸程石油味** 在纺织品生产过程中,使用含有汽油、柴油、煤油等矿物油的助剂做润滑剂或溶剂,煤油常用作分散体,也常与水、乳化剂混合作为涂料印花的增稠剂,服装在生产过程中机器所使用的一些机油等,这些因素都会给纺织品带来石油气味。

3. **鱼腥味** 鱼腥臭味主要是纺织品经树脂整理后,在焙烘过程中产生的副产物三甲胺的气味,但有些三甲胺会以甲胺盐的形式存在于纺织品上,在储存或服用时再分解出三甲胺,产生难闻的鱼腥味。

4. 芳香烃气味　芳香烃是指含苯环的烃类化合物的总称,在纺织服装的生产、印染和后整理过程中,使用的纺织品助剂中常含有芳香烃化合物,如苯、苯酚、苯乙烯、甲苯、二甲苯、苯胺、苯酸类等,此外,还有为掩盖异味而使用芳香剂,引入让人不愉快的芳香气味。

三、任务实施

1. 织物试样　尺寸不小于20cm×20cm。

2. 纱线和纤维试样　重量不少于50g。

3. 保存　抽取样品后应立即将其放入一洁净无气味的密闭容器内保存。

4. 程序

(1)试验应在得到样品后24h之内完成。

(2)试验应在洁净的无异常气味的测试环境中进行。

(3)将试样放于试验台上,操作者事先应洗净双手,戴上手套,双手拿起试样靠近鼻腔,仔细嗅闻试样所带有的气味,如检测出下列气味中的一种或几种:霉味、高沸程石油味(如汽油、煤油味)、鱼腥味、芳香烃气味、香味,即判为不合格,并做记录。如未检出上述气味,则在报告上注明"无异常气味"。

为了保证试验结果的准确性,参加气味测定的人员,事先不能吸烟或进食辛辣刺激食物,不能化妆。由于嗅觉易于疲劳,测定过程中需适当休息。

模块六　功能性纺织品标准与检测

项目一　织物静电性能测试与标准

一、任务引入

平时,当人们脱下毛线衣、毛料或锦纶、涤纶类化纤衣服,以及从床上拉起涤纶被罩时,就会听到"噼噼啪啪"的响声,在晚上黑暗处同时还可看到闪烁的火花。不仅如此,有时手指触及门把、水龙头、椅背等金属器物时会有电击感;穿着化纤衣服在地毯上行走,也时有针刺般的触电感;化纤厂工人在纺织化纤时,手触纺线也有触电感,这些都是生活中常见的静电现象。那么,织物抗静电性能测试就显得十分必要,本任务提供三种方法即:静电压半衰期、电荷面密度、电荷量,掌握三种方法测试的评价指标、测试仪器及测试原理、测试步骤,是本任务的重点。采用的原理是使试样在高压静电场中带电,至稳定后断开高压电源,使其电压通过接地金属台自然衰减,测定静电压值及其衰减至初始值一半所需的时间。参考的标准是 GB/T 127031—2008。

二、名词及术语

1. 静电电压　试样上积聚的相对稳定的电荷所产生的对地电位。
2. 静电压半衰期　试样上静电压衰减至原始值一半时所需的时间。
3. 电荷面密度　样品每单位面积上所带的电量,以 $\mu C/m^2$ 为单位。
4. 电荷量　试样与标准布摩擦一定时间后所带电荷。

三、任务实施

（一）静电压半衰期

1. 仪器与装置

（1）静电测试仪。包括试样台、高压放电极、静电检测电极和记录装置,结构如图 6-1 所示。试验台直径为（200 ±4）mm,转速至少为 1000r/min。试样夹的内框尺寸至少为（32 ± 0.5）mm×（32 ±0.5）mm;放电针针尖至试样表面距离为（20 ±1）mm,感应电极[直径（28.0 ± 0.5）mm]与试样上表面距离为 15mm。

（2）不锈钢镊子一把。

（3）纯棉手套一副。

（4）裁样工具。

2. 调湿和试验用大气条件　如果需要,按照 GB/T 8629—2017 中 7A 的程序洗涤,由有关各方商定,洗涤次数可选择 5、10、30、50 次等,多次洗涤时,可将时间累加进行连续洗涤,或者按有关方认可的方法和次数进行洗涤。然后将样品或洗涤后的样品在 50℃下预烘一定时间。将

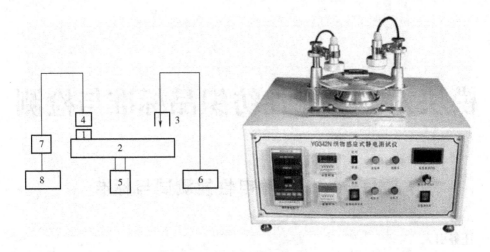

图 6 - 1 静电测试仪

1—试样 2—转动平台 3—针电极 4—圆板状感应电极 5—电动机
6—高压直流电源 7—放大器 8—示波器或记录仪

预烘后的样品在温度(20 ±2)℃,相对湿度(35 ±5)%,环境风速为 0.1m/s 的条件下放置 24h 以上,不得沾污样品。

3. 试样准备

(1)随机采取试样 3 组,每块试样的尺寸为 4.5cm×4.5cm 或适宜的尺寸,每组试样数量根据仪器中试样台数量而定,试样应有代表性,无影响试验结果的疵点。

(2)条子、长丝和纱线等应均匀、密实地绕在平板上。

(3)操作时应避免手或其他可能沾污试样的物体与试样相接触。

4. 试验步骤

(1)试验前应对仪器进行校验。

(2)对试样表面进行消电处理。

(3)将试样夹于试验夹中,使针电极与试样上表面相距(20 ±1)mm,感应电极与试样上表面相距(15 ±1)mm。

需注意,当更换试样时,应重新调整针电极上加 10kV 高压。

(4)驱动 30s 后断开高压,试验台继续旋转,直至静电电压衰减至 1/2 以下时即可停止试验,记录高压断开瞬间试样静电电压(V)及其衰减至 1/2 所需要的时间[即半衰期(s)]。当半衰期大于 180s 时,停止试验,并记录衰减时间 180s 时的残余静电电压值,如果需要也可记录 60s、120s 或其他衰减时间时的残余静电电压值。

5. 检测数据处理及检测分析

(1)同一块(组)试样进行 2 次试验,计算平均值作为该块试样的测量值。

(2)对 3 块(组)试样进行同样试验,计算平均值作为该样品的测量值。

最终结果静电电压修约至 1V,半衰期修约至 0.1s。

6. 半衰期技术要求及评定 半衰期技术要求见表 6 - 1。对于非耐久型抗静电纺织品,洗前应达到表 6 - 1 要求,对于耐久型抗静电纺织品(经多次洗涤仍保持抗静电性能的产品),洗前、洗后均应达到表 6 - 1 要求。

表6-1 半衰期技术要求

等级	要求	等级	要求
A级	≤2.0s	C级	≤15.0s
B级	≤5.0s		

(二)电荷面密度

1. 检测仪器 检测原理是将经过摩擦法拉第筒系统装置摩擦后的试样投入法拉第筒,以测量试样的电荷面密度。本任务所使用的主要仪器是法拉第筒系统,如图6-2所示。除此以外还有摩擦装置。具体要求如下。

图6-2 YG403N织物摩擦带电测试仪

(1)测试用法拉第筒系统。外筒直径50~70cm,高85~100cm,内筒直径40~60cm,高75~95cm,电容器的泄漏电阻$1 \times 10^{14}\Omega$以上,电容值应与静电电压表量程相匹配,绝缘支架的绝缘电阻应在$1 \times 10^{12}\Omega$以上,系统电容可用精密万用电桥或其他电容测量仪测量。

(2)摩擦装置。

①摩擦布及摩擦棒。摩擦布(标准布)是450mm×350mm的锦纶平纹布,取长为400mm的硬质聚氯乙烯管,以摩擦布的长边方向为卷绕方向,在其上缠绕5圈,制成摩擦棒,要求摩擦布的两端拉紧塞入管内,以固定在摩擦棒上。

②垫板。把一块尺寸为400mm×450mm,材料与摩擦布相同的织物,用胶带从四面裹在金属板上,垫板面积为320mm×300mm,厚度3mm,用聚乙烯包皮线接地,如图6-3所示。

需要注意的是,需要时或经有关各方协商一致后,摩擦材料可采用其他材料。

③绝缘棒。直径20mm,长5000mm的有机玻璃或丙烯棒。

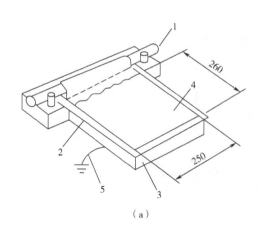

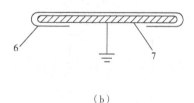

（a） （b）

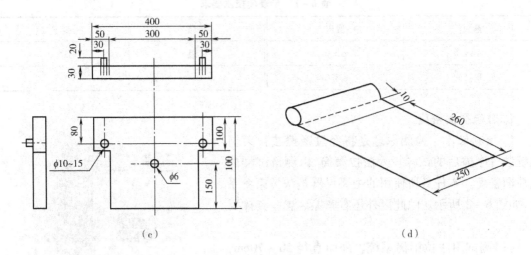

（c）　　　　　　　　　　　　　（d）

图6－3　摩擦装置示意图

1—绝缘棒　2—垫板　3—垫座　4—试样　5—地线　6—标准布　7—垫板

2. 检测过程　调湿和试验用大气的环境条件为：温度（20±2）℃，相对温度（35±5）%，环境风速应在0.1m/s以下。

（1）试样准备。

①试样在距布边1/10幅宽内，距布端1m以上的部位截取，不应有影响测试的疵点。

②随机截取6块试样（经向3块，纬向3块），尺寸为250mm×400mm，按图6－3（d）将长向一端缝制为套状，未被缝部分长度为270mm（有效摩擦长度260mm）。

③将绝缘棒插入缝好的套内，放置于垫板上，勿使之产生皱折。

（2）试验步骤。

①双手持缠有标准布的摩擦棒两端，由前端向身体一方摩擦试样（如图6－4所示，注意不应产生摩擦转动），约1s摩擦一次，连续5次。

②握住绝缘棒的一端，如图6－5所示，使棒与垫板保持平行地由垫板上揭离，并在1s内迅速投入法拉第筒，读取静电压或电量值，此时，试样应距人体或其他物体300mm以上。

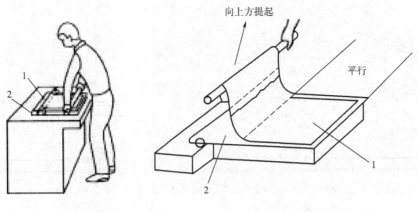

图6－4　摩擦示意图　　　　　**图6－5　揭离试样示意图**

1—样品　2—垫板　　　　　　　　1—试样　2—垫板

③每块试样进行三次测试,每次测试后应消电,直至确认试样不带电时再进行下一次测试。

3. 检测数据处理及检测分析

(1)读取静电电压值或电量值,根据下式计算电荷面密度:

$$\sigma = \frac{Q}{A} = \frac{C \cdot V}{A}$$

式中:σ——电荷面密度,$\mu C/m^2$;

　　Q——电荷量测定值,C;

　　C——法拉第系统总电容量,F;

　　V——电压值,V;

　　A——试样摩擦面积,m^2。

(2)计算每个试样 3 次测试的平均值,作为该试样的测量值。

(3)取 6 块试样测试结果中的最大值,作为该样品的试验结果。

4. 电荷面密度技术要求　如果需要,可根据样品的用途提出对电荷面密度的要求。

对于非耐久型抗静电纺织品,洗前电荷面密度应不超过 $7.0\mu C/m^2$;对于耐久型抗静电纺织品,洗前、洗后电荷面密度均应不超过 $7.0\mu C/m^2$。

如有关各方另有协议,可按协议要求执行。

注:耐久型纺织品是指经多次洗涤仍保持特定性能的产品。

(三)电荷量

1. 检测仪器及检测原理　本方法的测试原理是用摩擦装置(图 6-6)模拟试样摩擦带电的情况,然后将试样投入法拉第筒,测量其带电电荷量。

2. 装置与用具

(1)测试用法拉第筒系统。外筒直径 50 ~ 70cm,高 85 ~ 100cm,内筒直径 40 ~ 60cm,高 75 ~ 95cm,电容器的泄漏电阻 $1 \times 10^{14}\Omega$ 以上,电容值应与静电电压表量程相匹配,绝缘支架的绝缘电阻应在 $1 \times 10^{12}\Omega$ 以上,系统电容可用精密万用电桥或其他电容测量仪测量。

(2)摩擦带电滚筒测试装置。

①滚筒的内表面及盖子的内表面包覆有标准布。

②测试装置应满足以下条件。

转鼓内径:460mm 以上;转鼓纵深:350mm 以上;转鼓口径:280mm 以上;转鼓转速:(50 + 10)r/min;转鼓叶片数:3 片;转鼓内温度:(60 + 10)℃,电气温风方式加热;排气量:$2m^3/min$ 以上。

转鼓内衬摩擦材料:锦纶标准布,装置进样口周围也应包覆。需要时或经有关各方协商一致后,摩擦材料可采用其他材料。

3. 调湿和试验用大气条件　调湿和试验用大气的环境条件为:温度(20 + 2)℃,相对湿度(35 + 5)%,环境风速应在 0.1m/s 以下。

4. 检测过程

(1)试样准备。

①预处理。

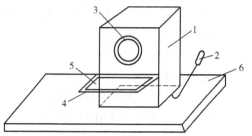

图 6-6　摩擦装置
1—转鼓　2—手柄　3—绝缘胶带
4—盖子　5—标准布　6—底座

a. 如果需要,由有关方商定,可选择洗涤次数为 5 次、10 次、30 次、50 次、100 次等,多次洗涤时,可将时间累加进行连续洗涤,或者按有关方认可的方法和次数进行洗涤。

b. 将样品或洗涤后的样品在 50℃下预烘一定时间。

c. 将预烘后的样品在规定条件下达到调湿平衡,不得沾污样品。

②每个样品取至少 1 件制品作为试样。

(2)试验步骤。

①开启摩擦装置,使其温度达到(60 + 10)℃。

②将试样在模拟穿用状态下(扣上纽扣或拉链)放入摩擦装置,运转 15min。

③运转完毕后,将试样从摩擦装置取出(须戴绝缘手套取出试样)投入法拉第筒,注意操作过程中试样应距法拉第筒以外的物体 300mm 以上。

④用法拉第筒测出试样的带电量。

⑤重复 5 次操作,每次之间静置 10min 时间,并用消电器对试样及转鼓内的标准布进行消电处理。

⑥带衬里的制品,应将衬里翻转朝外,再次重复以上测试步骤,将结果记入报告。

5. 电荷量技术要求　如果需要,可根据样品的用途提出对带电电荷量的要求。

对于非耐久型抗静电纺织品,洗前电荷量应不超过 0.6μC/件;对于耐久型抗静电纺织品,洗前、洗后电荷量均应不超过 0.6μC/件。

如有关各方另有协议,可按协议要求执行。

思考题

比较织物抗静电性能测试的三种方法。给服用织物、铺地织物选择适当的方法测试其抗静电性,并加以比较,完成试验报告,每小组完成 PPT,小组长负责汇报检测结果。

项目二　机织物过滤布透水性的测试标准与检测

一、任务引入

过滤布作为一种织物状物质可以由金属纤维如不锈钢丝、镍丝等织成,也可以由棉、丝、麻、合成纤维、玻璃纤维等通过机织或非织造方式等加工而成。机织物过滤布的透水性是其功能性之一,了解机织物过滤布透水性测定的基本原理,掌握其试验方法十分必要,参考标准为 GB/T 24119—2009。

二、名词及术语

1. 透水性　滤布两面存在水压的情况下透过水的性能。

2. 透水率　滤布两面在规定的水压差下,单位时间内透过单位面积滤布的水的体积,以 $m^3/(m^2 \cdot s)$ 表示。

三、任务实施

(一)检测仪器及检测原理

本任务的测试原理是在规定压差条件下,通过测定一定时间内透过滤布的水的质量,计算对应的透水率。

使用的主要仪器和设备是过滤布透水率测定装置(图6-7),装置包括以下部件:法兰:法兰内径为80mm,透水面积约为$5.0 \times 10^{-3} \text{m}^2$;天平:精度为±1.0g;温度计:精度为±0.5℃;上筒体:在上筒体注水,使滤布上表面有一定液面高度的水柱,与滤布下表面形成压力差。试验用水:蒸馏水或离子交换水。

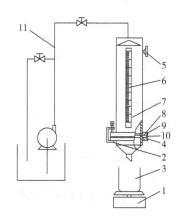

图6-7 透水率测定装置示意图

1—天平 2—法兰夹扣 3—接水杯
4—下法兰 5—液位调节轮
6—压差刻度尺 7—上筒体 8—上法兰
9—滤布 10—弹簧绷紧圈 11—供水系统

(二)检测过程

1. **试样** 选择有代表性的滤布,在距离滤布两边各1/10幅宽处,沿滤布幅宽方向均匀裁取5个试样,试样尺寸与上下法兰大小相适应。

2. **步骤**

(1)将试样置入水中,使其充分浸透。

(2)将试样平放于测试装置下法兰的安装面中央,压上弹簧绷紧圈,把下法兰轻轻靠到上法兰的底面,注意试样不得有移动,用法兰夹扣扣紧,转动液位调节轮,把溢流口对准被选定的压差刻度线。

(3)启动供水系统,将水注入压差筒中,待水位稳定达到100mm水柱时,将接水杯放在天平上,然后接取透过滤布的水样,同时按下计时器开始计时,当水量达到200g左右时,计时停止。

(4)在同样的条件下,测定5个试样,并记录水温、透水压差、透水面积、透水时间,称取接水质量。

当织物正反两面透水有差异时,应在报告中注明测试面。

(三)检测数据处理及检测分析

按下式计算每个试样的透水率,并计算平均值,结果修约到三位有效数字。

$$Q = W/TA\rho$$

式中:Q——试样在某压差点的透水率,$\text{m}^3/(\text{m}^2 \cdot \text{s})$;

A——试样的透水面积,m^2;

W——试样在某压差点的透过水质量,kg;

T——试样在某压差点的透过水量所用的时间,s;

ρ——测定温度下的水的密度,kg/m^3。

思考题

请说明透水率测定装置的结构及工作原理。

项目三 织物拒水性测试与标准

一、任务引入

生活中有很多织物是经过抗水或拒水整理的,比如雨伞、雨衣等,通常用沾水等级来表示织物表面抗湿性。本任务详细地介绍测定各种已经或未经抗水或拒水整理织物表面抗湿性的沾水试验方法。试验原理就是把试样安装在卡环上,与水平成45°放置,试样中心位于喷嘴下面规定的距离,用规定体积的蒸馏水或去离子水喷淋试样。通过试样外观与评定标准及图片的比较,来确定其沾水等级。参考标准为沾水试验 GB/T 4745—2012。

二、名词及术语

拒水整理(water – repellenting) 经化学拒水剂处理,使纤维的表面张力降低,致使水滴不能润湿表面的工艺过程称作拒水整理,又称透气性防水整理。

三、任务实施

(一)仪器与试剂

1. 淋水装置 如图6 – 8 所示,由一个垂直夹持的150mm 漏斗和一个金属喷嘴组成,用10mm 口径橡皮管连接喷嘴和漏斗。漏斗顶部到喷嘴底部的距离为190mm。

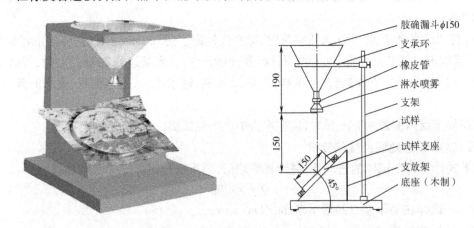

图6 – 8 淋水装置(图中尺寸以 mm 表示)

2. 金属喷嘴 有个凸圆面,其上均布着 19 个 φ0.9mm 的孔。250mL 水注入漏斗后其持续喷淋时间应为 25 ~30s。

3. 试样夹持器 由两个能互相配合的木环或金属环组成,内环的外径为150mm(像绣花绷架),试样可被紧紧夹于其中。试验时应将卡环安置在一个合适的支柱上,使其成45°倾角,试验面中心在喷嘴表面中心下 150mm 处。

4. 蒸馏水或去离子水 温度为20℃ ±2℃或27℃ ±2℃。

(二)调湿处理和试验温湿度

常规检验或另有协议可在室温或实际条件下进行。

（三）试样

取样后尽量少用手触摸,从织物的不同部位至少取三块 180mm×180mm 的试样,尽可能使试样具有代表性。不要从带有折皱或折痕的部位取样。

（四）试验步骤

（1）试样在规定的大气条件中至少调湿处理 24h。

（2）调湿后,用试样夹持器夹紧试样,放在支座上,试验时织物正面朝上。除另外有要求之外,应将试样经向与水流方向平行。

将 250mL 水迅速而平稳地注入漏斗中,以便淋水持续进行。淋水一停,迅速将夹持器连同试样一起拿开,使织物向下。然后对着一个硬物轻轻敲打两次(在绷框径向上相对的两点各一次),敲打后,试样仍在夹持器上,根据观察到的试样润湿程度,用最接近的文字描述及图片表示的级别来评定其等级,不评中间等级。

注:对于深色织物来说,图片标准不是十分令人满意,主要依据文字描述来评级。

沾水等级评定标准如下:

1 级——受淋表面全部润湿。

2 级——受淋表面有一半润湿,这通常是指小块不连接的润湿面积总和。

3 级——受淋表面仅有不连接的小面积润湿。

4 级——受淋表面没有润湿,但在表面沾有小水珠。

5 级——受淋表面没有润湿,在表面也未沾有小水珠。

注意:手触摸样品将会影响试验结果,尽量少用手触摸。

相应的 ISO 图片等级如图 6-9 所示。ISO 5 表示上层表面没有沾水或润湿;ISO 4 表示上层表面有少许不规则的沾水或润湿;ISO 3 表示上层表面受淋处有润湿;ISO 2 表示全部上层表面有部分润湿;ISO 1 表示全部上层表面完全润湿图。

GB 5 = ISO 5 = AATCC 100

GB 4 = ISO 4 = AATCC 90

GB 3 = ISO 3 = AATCC 80

GB 2 = ISO 2 = AATCC 70

GB 1 = ISO 1 = AATCC 50

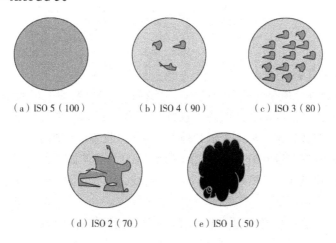

（a）ISO 5（100） （b）ISO 4（90） （c）ISO 3（80）

（d）ISO 2（70） （e）ISO 1（50）

图 6-9 ISO 图片等级

思考题

给定经过抗水整理的织物,完成沾水性测试,并填写实验报告。

项目四 防紫外线性能测试标准

一、任务引入

防止紫外线对人体的伤害,已经被越来越多的消费者所重视。太阳光谱中的紫外线不仅使纺织品褪色和脆化,也可使人体皮肤晒伤老化,产生黑色素和色斑,更严重的还会诱发癌变,危害人类健康。紫外线辐射对人体的危害越来越引起世界各国的重视,所以对有些织物的抗紫外线整理及测试十分必要。本任务主要是了解织物抗紫外线性能测试的方法,并掌握本测试仪器的操作方法及工作原理。参考的标准是 GB/T 18830—2009。

二、名词及术语

1. 日光紫外线辐射　波长为 280~400nm 的电磁辐射。

2. 日光紫外线 UVA　波长为 315~400nm 的日光紫外线辐射。

3. 日光紫外线 UVB　波长为 280~315nm 的日光紫外线辐射。

4. 紫外线防护系数　皮肤无防护时计算出的紫外线辐射平均值与皮肤有织物防护时计算出的紫外线辐射平均值的比值。

5. 日光辐照度　在地球表面所接受到的太阳发出的单位面积和单位波长的能量,单位为 $W/(m^2 \cdot nm)$。在地球表面测得的 UVR 光谱是 290~400nm。

6. 红斑　由各种各样的物理或化学作用引起的皮肤变红。

7. 红斑作用光谱　与波长 λ 相关的红斑辐射效应。

8. 光谱透射比　波长为 λ 时,透射辐通量与入射辐通量之比。

9. 积分球　此为中空球,其内表面是一个非选择性的漫反射器。

10. 荧光　吸收特定波长的辐射,并在短时间内再发射出较大波长的光学射线。

11. 光谱带宽　由单色光产生的光学辐射强度的半高峰之间的宽度,以 nm 来表示。

三、任务实施

(一)检测仪器与工具

本任务的检测原理是由单色或多色的 UV 射线辐射试样,收集总的光谱透射光线,测定出总的光谱透射比,并计算试样的紫外线防护系数 UPF 值。可采用平行光束照射试样,用一个积分球收集所有的透射光线,也可采用光线半球照射试样,收集平行的透射光线。本任务使用的主要仪器是防紫外线透过及防晒性能测试仪(图6-10)。具体如下。

1. UV 光源　提供波长为 290~400nm 的 UV 射线,适合的 UV 光源有氙弧灯、氘灯和日光模拟器。

在采用平行入射光束时,光束端面至少 $25mm^2V$,覆盖面至少应该是织物循环结构的 3 倍。此外,对于单色入射光束,积分球入口的最小尺寸与照明斑的最大尺寸之比应该大于 1.5。光

图 6 - 10　防紫外线透过及防晒性能测试仪

束应该与织物表面垂直,误差范围为 ±5°,光束与光束轴的散角应该小于5°。

2. 积分球　积分球的总孔面积不超过积分球内表面积的 10%,内表面应涂有高反射的无光材料,例如,涂硫酸钡,积分球内还装有挡板,遮挡试样窗到内部探测头或试样窗到内部光源之间的光线。

3. 单色仪　适合于在波长 290 ~ 400nm 范围内,以 5nm 或更小的光谱带宽测定。

4. UV 透射滤片　仅透过小于 400nm 的光线且无荧光产生。

如果单色器装在样品之前,应把较适合 UV 透射滤片放在样品和检测器之间,如果这种方式不可行,则应将滤片放在和积分球之间的试样窗口处,UV 透射滤片的厚度应为 1 ~ 3mm。

5. 试样夹　使试样在无张力或在预定拉伸状态下保持平整,该装置不应遮挡积分球的入口。

(二)检测过程

1. 试样的准备　对于匀质材料,至少要取 4 块有代表性的试样,距布边 5cm 以内的织物应舍去。对于具有不同色泽或结构的非匀质材料,每种颜色和结构至少要试验两块试样。试样尺寸应保证充分覆盖仪器的孔眼。调湿和试验应按 GB/T 6529—2008 进行,如果试验装置放在标准大气条件下,调湿后试样从密闭容器中取出至试验完成不超过 10min。

2. 程序

(1)在积分球入口前方放置试样,将穿着时远离皮肤的织物面朝着 UV 光源。

(2)对于单色片放在试样前方的仪器,应使用 UV 透射滤片,并检验其有效性。

(3)记录 290 ~ 400nm 之间的透射比,每 5nm 至少记录一次。

(三)检测数据处理及检测分析

(1)按下式计算每个试样 UVA 透射比的算术平均值 $T(UVA)$,并计算其平均值 $T_{AV}(UVA)$,保留两位小数:

$$T_{AV}(UVA)_i = \frac{1}{m} \sum_{\lambda=315}^{400} T_i(\lambda)$$

(2)按下式计算每个试样 UVB 透射比的算术平均值 $T(UVA)$,并计算其平均值 $T_{AV}(UVB)$,保留两位小数:

$$T_{AV}(UVB)_i = \frac{1}{k} \sum_{\lambda=290}^{315} T_i(\lambda)$$

式中:$T_i(\lambda)$ 是试样 i 在波长 λ 时的光谱透射比;m 和 k 是 315 ~ 400nm 和 290 ~ 315nm 各自

的测定次数。

注：以上两式仅适用于测定波长间隔 $\Delta\lambda$ 为定值(如5nm)的情况。

(3)按下式计算每个试样 i 的 UPF 值：

$$UPF_i = \frac{\displaystyle\sum_{\lambda=290}^{\lambda=400} E(\lambda) \times \varepsilon(\lambda) \times \Delta\lambda}{\displaystyle\sum_{\lambda=290}^{\lambda=400} E(\lambda) \times T_i(\lambda) \times \varepsilon(\lambda) \times \Delta\lambda}$$

式中：$E(\lambda)$ ——日光光谱辐照度，见表6-2，$W/(m^2 \cdot nm)$；

$\varepsilon(\lambda)$ ——相对的红斑效应(见表6-2)；

$T_i(\lambda)$ ——试样 i 在波长为 λ 时的光谱透射比；

$\Delta\lambda$ ——波长间隔，nm。

表6-2 日光光谱辐照度和红斑效应

$\lambda(nm)$	$E(\lambda)[W/(m^2 \cdot nm)]$	$\varepsilon(\lambda)$	$\lambda(nm)$	$E(\lambda)[W/(m^2 \cdot nm)]$	$\varepsilon(\lambda)$
290	3.090×10^{-5}	1.000	345	5.345×10^{-1}	0.810×10^{-2}
295	7.860×10^{-4}	1.000	350	5.590×10^{-1}	0.684×10^{-3}
300	8.640×10^{-3}	0.649	355	6.080×10^{-1}	0.575×10^{-3}
305	5.770×10^{-2}	0.220	360	5.640×10^{-1}	0.484×10^{-3}
310	1.340×10^{-1}	0.745×10^{-1}	365	6.830×10^{-1}	0.407×10^{-3}
315	2.280×10^{-1}	0.252×10^{-1}	370	7.660×10^{-1}	0.343×10^{-3}
320	3.140×10^{-1}	0.855×10^{-2}	375	6.635×10^{-1}	0.288×10^{-3}
325	4.030×10^{-1}	0.290×10^{-2}	380	7.540×10^{-1}	0.243×10^{-3}
330	5.320×10^{-1}	0.136×10^{-2}	385	6.055×10^{-1}	0.204×10^{-3}
335	5.135×10^{-1}	0.115×10^{-2}	390	7.570×10^{-1}	0.172×10^{-3}
340	5.390×10^{-1}	0.966×10^{-2}	395	6.680×10^{-1}	0.145×10^{-3}

(4)匀质试样按下式计算紫外线防护系数的平均值 UPF_{AV}：

$$UPF_{AV} = \frac{1}{n} \sum_{i=1}^{n} UPF_i$$

(5)按下式计算紫 UPF 的标准偏差 s：

$$s = \sqrt{\frac{\displaystyle\sum_{i=1}^{n} (UPF_i - UPF_{AV})^2}{n-1}}$$

(6)样品的 UPF 值按下式计算，修约到整数：

$$UPF = UPF_{AV} - t_{\alpha/2,n-1} \frac{s}{\sqrt{n}}$$

式中：$t_{\alpha/2,n-1}$ 可通过表6-3查出。

表 6 - 3　α 为 0.05 时 $t_{\alpha/2,n-1}$ 的测定值

试样数量	$n-1$	$T_{\alpha/2,n-1}$	试样数量	$n-1$	$T_{\alpha/2,n-1}$
4	3	3.18	8	7	2.36
5	4	2.77	9	8	2.30
6	5	2.57	10	9	2.26
7	6	2.44			

①对于匀质材料,当样品的 UPF 值低于单个试样实测的 UPF 值中最低值时,则以试样最低的 UPF 作为样品的 UPF 值报出,当样品的 UPF 值大于 50 时,表示为"UPF > 50"。

②对于具有不同颜色或不同结构的非匀质材料,应对各种颜色或结构进行测试,以其中最低的 UPF 值作为样品的 UPF 值,当样品的 UPF 值大于 50 时,表示为"UPF > 50"。

(四)评定和标识

(1)评定。当样品的 UPF > 40,且 $T(UVA)_{AV} < 5\%$ 时,可称为"防紫外线产品"。

(2)标识。防紫外线产品应在标签上标有:

当 $40 < UPF \leqslant 50$ 时,标为 UPF40 + ;当 UPF > 50 时,标为 UPF50 + 。

长期使用以及在拉伸或潮湿的情况下,该产品所提供的防护有可能减少。

思考题

影响织物抗紫外线性能的因素有哪些?

项目五　织物抗菌性的测试标准与检测

一、任务引入

抗菌整理剂主要有三类,即有机类、无机类和天然类。每种抗菌剂各有其优缺点,有机类的抗菌剂效果好、品种多,是目前使用最为广泛的一类抗菌剂,但存在高温稳定性差等问题,难以用于合成纤维纺纱工艺。天然类抗菌剂,如某些杀菌植物、矿物,其用于纺织品后整理难以获得耐久的效果,并且大部分品种存在金属毒性问题。传统的抗菌整理剂有机硅—季铵盐是以有机硅为媒介,在纤维表面与纤维形成化学键,从而产生持久的抗菌性能。二苯醚抗菌整理剂商品为非离子性的白色浆体,这种浆体比较容易分散在水中,整理剂可用于袜子、内衣、毛巾、衬衫、运动服、床上用品、窗帘、手帕和地毯。有机氮抗菌整理近年来也受到人们的重视。本任务主要是测定织物的抗菌性能,参考的标准是 GB/T 20944.3—2008。本任务的测试方法中需要使用细菌,并且具有促进细菌繁殖的条件,所以应在规定的试验环境下由经过培训的人员进行试验。

二、名词及术语

1. **抗菌性能(Antibacterial activity)**　产品所具有的抑制细菌繁殖的性能。

2. **抑菌带(zone of bacterial inhibition)**　琼脂培养基表面与试样接触的边界处无细菌繁殖的区域,即试样边缘附近没有细菌的环带。

3. 对照样(control fabric) 用于验证试验细菌生长条件的、不经任何处理的100%棉织物。

三、任务实施

(一)琼脂平皿扩散法

1. 检测设备、培养基和试剂 本方法的测试原理是平皿内注入两层琼脂培养基,下层为无菌培养基,上层为接种培养基,试样放在两层培养基上,培养一定时间后,根据培养基和试样接触处细菌繁殖的程度,定性评定试样的抗菌性能。本任务所使用的设备、培养基和试剂如下。

(1)分光光度计。检测波长660nm。

(2)恒温培养箱。温度能保持在37℃±2℃。

(3)水浴锅。温度能保持在45℃±2℃。

(4)恒温调速摇瓶柜。如图6-11(a)所示。

(5)冰箱。温度能保持在45~2℃。

(6)高温灭菌锅。温度能保持在121℃,压力能保持在103kPa[图6-11(b)]。

(7)显微镜。放大倍数为20倍,下光源照明。

(8)平皿。玻璃或聚苯乙烯制,直径90~100mm或55~60mm。

(9)微量移液器。最小刻度为5μL。

(10)二级生物安全柜。

(11)试管、烧瓶等实验室常用器具。

(12)试样所用试剂应是分析纯的或用于微生物试验用的,试验水应是用于制备微生物培养基的分析级的纯水,可用蒸馏、离子交换或用反渗透装置过滤等方法制取,应无毒和无抑菌物质。

(13)培养基。营养肉汤和琼脂培养基采用下列组分,如有偏离,应在试验报告中说明。

①营养肉汤:

胰蛋白胨	15g
植物蛋白胨	5g
氯化钠	5g
水	(最终定容至)1000mL

灭菌后,pH为7.2±0.2。

②琼脂培养基:

琼脂粉	15g
胰蛋白胨	15g
植物蛋白胨	5g
氯化钠	5g
水	(最终定容至)1000mL

灭菌后,pH为7.2±0.2。

营养肉汤和琼脂培养基配制后如不立即使用,置于5~10℃保存,配置超过一个月后不可使用。

(14)试验细菌。应使用下列革兰氏阳性菌和其中一种革兰氏阴性菌种。

①金黄色葡萄球菌(staphylococcus aureus,AATCC 6538),革兰氏阳性。

②肺炎克雷伯氏菌(klebsiella pneumoniae,AATCC 6538),革兰氏阴性。

③大肠杆菌(escherichia coli,8099或AATCC 11229),革兰氏阴性。

（a）摇瓶柜　　　　　　　　　（b）高温灭菌锅

图6-11　检测设备

2. 试验菌液的制备

（1）冻干菌的活化。将冻干菌融化分散在5mL的营养肉汤中成悬浮状,在37℃±2℃下培养18～24h。用接种环取菌悬液以划线法接种到琼脂培养基平皿上,在37℃±2℃下培养18～24h。从培养皿上取典型菌落接种在琼脂培养基斜面试管内,在37℃±2℃下培养18～24h。将斜面试管储存于冰箱内(5～10℃),作为保存菌,保存期不超过一个月,每月传代一次,传代次数不超过10代。

（2）试验菌液的制备。

①用接种环取保存菌,以划线法接种到琼脂培养基平皿上,37℃±2℃下培养24h。

注:该平皿在5～10℃条件下保存,在一周内使用。

②取营养肉汤20mL放入100mL的三角烧瓶内,用接种环取前述平皿上的典型菌落接种在肉汤内培养,培养条件为:温度为37℃±2℃,振动频率为110min^{-1},时间为18～24h。

③用蒸馏水20倍稀释营养肉汤,用其调节培养后的菌浓度为$1×10^8$～$5×10^8$CFU/mL,作为试验菌液,采用分光光度计或适当的方法测定菌液浓度。

注意:该试验菌液冰冷保存(3～4℃),在4h内使用。

3. 试样的准备

（1）试样。从样品上选取有代表性的试样,每种菌试验4块(正面2块,反面2块)圆形试样,直径为25mm±5mm,试样不应进行灭菌。短纤维、长绒毛织物可剪碎,在培养基上形成一层。为便于操作,可将一玻璃环先放在琼脂培养基上,填充试验材料后,再拿开。由于涂层织物不透气,可能会抑制细菌的生长,这种情况下,可将试样剪成小条,排放在培养基上,每条之间留有小空隙。

（2）对照样。取1块与试样材质相同但未经抗菌整理的材料作为对照样,尺寸与试样相同,如果没有,则取不经任何处理的100%棉织物。

4. 步骤

（1）准备下层无菌培养基,向无菌平皿中倾注10mL琼脂培养基,并使其凝结。

（2）准备下层接种培养基,取45℃±2℃的琼脂培养基150mL放入烧瓶,加入1mL试验菌液,振荡烧瓶使细菌分布均匀,向每个平皿中倾注5mL,并使其凝结,接种过的琼脂培养皿应在1h内使用。

（3）用无菌镊子将试样和对照样分别放于平皿中央，均匀地按压在琼脂培养基上，直到试样和琼脂培养基之间很好地接触。

（4）将试样放在琼脂培养基上后，立即放入 37℃ +2℃ 的培养箱中培养 18～24h，要确保在整个培养期中试样和琼脂培养基保持接触。

5. 结果的计算和评价

（1）每个试样至少测量 3 处，并按下式计算试样的抑菌带宽度：

$$H = (D - d)/2$$

式中：H——抑菌带宽度，mm；

D——抑菌带外径的平均值，mm；

d——试样直径，mm；

（2）测定抑菌带后，用镊子将试样从琼脂培养基上移去，用显微镜检查试样下面接触区域的细菌繁殖情况。

（3）根据细菌繁殖的有无和抑菌带的宽度，按表 6-4 评价每个试样的抗菌效果。

表6-4　抗菌效果评价

抑菌带宽度	试样下面的细菌繁殖情况	描述	评价
>1	无	抑菌带大于1mm，没有繁殖	效果好
0～1	无	抑菌带在1mm之内，没有繁殖	
0	无	没有抑菌带，没有繁殖	
0	轻微	没有抑菌带，仅有少量菌落，繁殖几乎被抑制	效果好
0	中等	没有抑菌带，与对照样相比，繁殖减少至一半	效果有限
0	大量	没有抑菌带，与对照样相比，繁殖没有减少或仅有轻微减少	没有效果

注　1. 没有繁殖，即使没有抑菌带，也可认为抗菌效果好，因为活性物质的低扩散性阻止了抑菌的形成。

　　2. 细菌繁殖的减少是指菌落数量或菌落直径的减少。

（4）当所有试样均满足表 6-4 中效果好的要求时，则认为该样品具有抗菌效果。

（二）吸收法

本方法的测试原理是将试样与对照样分别用试验菌液接种，分别进行立即洗脱和培养后洗脱，测定洗脱液中的细菌数并计算抑菌值或抑菌率，以此评价试样的抗菌效果。所使用的设备及试剂如下。

1. 设备

（1）分光光度计，检测波长 660nm。

（2）恒温培养箱，温度能保持在 37℃ ±2℃。

（3）水浴锅。温度能保持在 45℃ ±2℃。

（4）恒温调速摇瓶柜。

（5）冰箱。温度能保持在 45～2℃。

（6）高温灭菌锅。温度能保持在 121℃，压力能保持在 103kPa。

（7）玻璃小瓶。平底圆柱，容量约为 30mL。

（8）玻璃或聚苯乙烯制平皿，直径 90～100mm 或 55～60mm

（9）漩涡式振荡器。

（10）二级生物安全柜。

2. **培养基和试剂** 试样所用试剂应是分析纯的或用于微生物试验用的，试验水应是用于制备微生物培养基的分析级的纯水，可用蒸馏、离子交换或用反渗透装置过滤等方法制取，应无毒和无抑菌物质。

（1）大豆蛋白胨肉汤（TSB）：

胰蛋白胨	15g
大豆蛋白胨	5g
氯化钠	5g
水	（最终定容至）1000mL

灭菌后，pH 为 7.2±0.2。

（2）大豆蛋白胨琼脂培养基（TSA）：

胰蛋白胨	15g
大豆蛋白胨	5g
氯化钠	5g
琼脂粉	15g
水	（最终定容至）1000mL

灭菌后，pH 为 7.2±0.2。

（3）营养肉汤（NB）：

牛肉膏	3g
蛋白胨	5g
水	（最终定容至）1000mL

灭菌后，pH 为 7.2±0.2。

（4）SCDLP 液体培养基：

酪蛋白胨	17g
大豆蛋白胨	3g
氯化钠	5g
磷酸氢二钾	2.5g
葡萄糖	2.5g
卵磷脂	1g
聚山梨醇酯 80（吐温 80）	7g
水	（最终定容至）1000mL

灭菌后，pH 为 7.2±0.2。

（5）稀释液：

胰蛋白胨	1g
氯化钠	8.5g
蒸馏水	（最终定容至）1000mL

灭菌后,pH 为 7.2 ± 0.2。

(6)计数培养基(EA):

脱水酵母膏	2.5g
胰酪蛋白胨	5g
葡萄糖	1g
琼脂粉	12～18g(根据产品的凝胶度决定)
水	(最终定容至)1000mL

灭菌后,pH 为 7.2 ± 0.2。

3. 试验细菌

(1)菌种。应使用下列革兰氏阳性和其中一种革兰氏阴性菌种。

①金黄色葡萄球菌(staphylococcus aureus,AATCC 6538):革兰氏阳性。

②肺炎克雷伯氏菌(klebsiella pneumoniae,AATCC 4352):革兰氏阴性。

③大肠杆菌(escherichia coli,8099 或 AATCC 11229):革兰氏阴性。

(2)冻干菌的活化(同第一种方法)。

4. 试验菌液的培养和制备

(1)培养 A。用接种环取保存菌,以划线法接种 EA 平皿上,37℃ + 2℃下培养 24h + 2h,该平皿在 5～10℃条件下保存,在 1 周内使用。

(2)培养 B。取肉汤 NB 或 TSB 20mL 放入 100mL 的锥形瓶内,用接种环取培养 A 的典型菌落接种在肉汤内培养,培养条件为 37℃ + 2℃,振动频率 110min^{-1},时间 18～24h,最后用 NB 调节菌液浓度为 1×10^8～3×10^8CFU/mL。

(3)培养 C。取肉汤 NB 或 TSB 20mL 放入 100mL 的锥形瓶内,从培养 B 取 0.4mL 菌液加入瓶内培养,培养后的菌浓度为 10^7CFU/mL,培养条件为 37℃ + 2℃,振动频率 110min^{-1},时间 3h + 1h。该培养液在 3～4℃条件下保存,在 8h 内使用。

(4)试验菌液的制备。用水对肉汤 NB 进行 20 倍稀释,调节培养 C 的菌液浓度为 1×10^5～3×10^5CFU/mL 作为试验菌液,采用分光光度计或适当的方法测定菌液浓度。该试验菌液在 3～4℃条件下保存,在 4h 内使用。

5. 试样的准备

(1)如果考核抗菌耐洗性能,从每个大样中取 3 个小样(每个尺寸 10cm × 10cm,剪成 2 块),按 GB/T 12490—1990 中的试验条件 A1M 进行洗涤,采用 ECE 标准洗涤剂,清洗结束作为 5 次洗涤(相当于 5 次洗涤的具体操作条件和步骤,40℃、150mL 溶液,钢珠 10 粒,洗 45min,洗涤后取出试样,在 40℃、100mL 的水中清洗两次,每次 1min),达到规定的洗涤次数后,用水充分清洗样品,晾干。

(2)试样质量。从每个样品上选取有代表性的试样,剪成适当大小,称取 0.40g + 0.05g 作为一个试样,分别取 3 个待测抗菌性能试样和 6 个对照样。3 个对照样用于接种细菌后立即测定细菌数,其余 3 个对照样和 3 个待测抗菌性能试样用于细菌接种并培养后的测定细菌数。

(3)试样放置。将每一个试样分别放置在小玻璃瓶内,易卷曲的织物试样,在其上压一玻璃棒,或用线将其两边固定。纱线试样宜两头扎成束状,在其上压一玻璃棒。对于地毯或类似结构样品,剪取样品上的起绒部分作为试样,在其上压一玻璃棒。

羽绒、纤维、絮片等蓬松试样上压一玻璃棒。

(4)试样灭菌。根据试样的纤维和整理类型选择灭菌方法,一般采用高压锅灭菌法,用适当的材料将装入试样的小玻璃瓶和瓶盖分别包覆材料,放在干净工作台上干燥60min后盖上瓶盖。

如果高压锅法不适用,可采用环氧乙烷或其他合适方法对试样进行灭菌,并在实验报告中说明。

5. 试验步骤

(1)试样的接种。分别用移液器准确量取试验菌液,确保菌液不要粘在瓶壁,盖紧瓶盖。为使菌液在试样上浸透,也可使用含有0.05%的非离子表面活性剂的试验菌液,但应在实验报告中注明。

(2)接种后立即洗脱。在已接种试验菌液的3个对照样小瓶中,分别加入SCDLP培养基20mL,盖紧瓶盖。用手摇晃30s(摆幅约30cm),或用振荡器振荡5次(每次5s),将细菌洗下。

(3)培养。将接种试验菌液的其余6个小瓶(3个对照样和3个试样)在37℃ +2℃下培养18~24h。

(4)培养后洗脱。在培养后的各小瓶中,分别加入SCDLP培养基20mL,盖紧瓶盖,用手摇晃30s(摆幅约30cm),或用振荡器振荡5次(每次5s),将细菌洗下。

(5)菌落数的测定。用移液器取1mL的洗脱液,注入装有9mL稀释液的试管内充分振荡,用一新移液器从该试管中取1mL溶液,注入另一个装有9mL稀释液的试管内充分振荡,依此程序操作,对步骤(2)和步骤(4)的洗脱液分别制作10倍稀释系列。

分别用新的移液器从稀释系列的各试管取1mL溶液注入平皿内,再加入45~46℃的EA约15mL,盖好盖子,在室温下放置,一个稀释液制作2个平皿,待培养基凝固后,将平皿倒置,37℃ +2℃下培养24~48h。

培养后,计数出现30~300个菌落平皿上的菌落数(CFU),若最小稀释倍数的菌落数<30,则按实际数量记录;若无菌落生长,则菌落数记为"<1"。分别记录3个对照样接种后立即洗脱的菌落数,以及待测抗菌性能试样和3个对照样培养后洗脱液的菌落数。

6. 结果的计算和评价

(1)细菌数的计算。根据两个平皿得到的菌落数,按下式计算细菌数。

$$M = Z \times R \times 20$$

式中:M——每个试样的细菌数;

   Z——两个平皿菌落数(CFU)的平均值;

   R——稀释倍数;

  20——洗脱液的用量,mL。

(2)试样有效性的判定。根据下式计算细菌增长值F,当$F \geq 1.5$时,试验判断为有效,否则试样无效,重新进行试验。

$$F = \lg C_t - \lg C_0$$

式中:F——对照样的细菌增长值;

   C_t——3个对照样接种并培养18~24h后测得的细菌数的平均值;

   C_0——3个对照样接种后立即测得的细菌数的平均值。

(3)抑菌值的计算。对于试验有效的,按下式计算抑菌值,修约至小数点后一位。

$$A = \lg C_t - \lg T_t$$

式中:A——抑菌值;

T_t——3 个试样接种并培养 18～24h 后测定的细菌数的平均值。

（4）抑菌率的计算。如果需要，按下式计算抑菌率，数值以百分率计，修约至整数位。

$$抑菌率 = \frac{C_t - Tt}{C_t} \times 100$$

（5）结果的表达。以抑菌值或抑菌率的计算值作为结果，当抑菌值或抑菌率计算值为负数时，表示为"0"；当抑菌率计算值 >99% 时，表示为" >99%"。

（6）抑菌效果的评价。当抑菌值≥1 或抑菌率≥99%，样品具有抗菌效果；当抑菌值≥2 或抑菌率≥99%，样品具有良好的抗菌效果。

（三）振荡法

振荡法的原理是将试样与对照样分别装入一定浓度的试验菌液的三角烧瓶中，在规定的温度下振荡一定时间，测定三角烧瓶内菌液在振荡前及振荡一定时间后的活菌浓度，计算抑菌率，以此评价试样的抗菌效果。

思考题

抗菌测试的方法有哪几种，测试原理及评价指标有何异同？

项目六　保温性能测试标准与检测

一、任务引入

随着生活水平的提高，织物的舒适性能受到人们的极大关注，织物的保温性能是织物舒适性能的指标之一，隔热保温是冬令纺织品及某些产业用纺织品的重要性能，通常用平板式织物保温仪来测试。利用平板式织物保温仪或管式织物保温仪测试织物的传热隔热性。按规定要求取样并测试，使用保温仪测定各种织物的保暖性能，记录原始数据，统计与计算织物的保温率、传热系数及克罗值，完成项目报告。本任务主要是了解织物保温性能的测试方法，测试仪器装置的结构、工作原理及使用方法，测试步骤及评价指标。参考标准为 GB/T 11048—2008。

二、名词及术语

1. 传热系数　以织物两面温差为 1℃，1s 内通过 1m² 的热量，单位为 W/(m²·℃)。

2. 热阻　试样两面温差与垂直通过试样单位面积的热流量之比。

3. 保温率　保温率是指热体无试样时的散热量和有试样时的散热量之差与热体无试样时的散热量之比的百分率。

三、任务实施

（一）检测仪器及检测原理

本任务的检测原理是将试样覆盖在平板式织物保温仪的试验板上，试验板、底板及周围的保护板都用电热控制相同的温度，并通过通电、断电保持恒温，使试验板的热量只能通过试样的方向散发。试验时，通过测定试验板在一定时间内保持恒温所需要的加热时间来计算织物的保暖指标——保温率、传热系数和克罗值。所有仪器除保温仪以外还有时钟、划笔、剪刀，织物若干。

国际上多用 K 的倒数——热绝缘值(ICLO)来表示,单位为克罗(CLO),它有利于正确表达各种纺织材料导热性的差异对于服装较有实用意义。下面以 YG 606 L 型平板式保温仪为例介绍织物保温性能测试。

YG 606 L 型平板式保温仪主要以人体温(36℃)为标准,测定普通织物、针织物、起毛织物、绗缝制品坐垫及各种保温材料的保温性能。

平板保温仪的结构示意如图 6 – 12 所示。

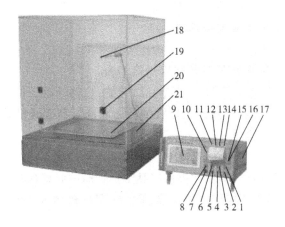

图 6 – 12 平板保温仪的结构示意图

1—设定键 2—复位键 3—置数键 4—空/样键 5—移动键 6—统计键 7—启动键 8—停止键 9—液晶显示屏
10—打印机 11—试验板加热指示灯 12—保护板加热指示灯 13—底板加热指示灯 14—电源指示灯
15—打印机电源指示灯 16—走纸键 17—控制箱 18—罩内温度传感器 19—放试样门 20—试验板 21—保护板

(二)检测过程

1. 试样准备

(1)样品应置于规定大气条件下调湿24h。

(2)平板式每份样品取试验样3块,试样尺寸为30cm×30cm;管式每份样品取试验样经、纬各2块,试样尺寸为20cm×16cm。

2. 操作步骤

(1)方法A:平板式恒定温差散热法。

①空白试验。

a. 设定试验板、保护板、底板温度为36℃。

b. 仪器预热一定时间,等试验板、保护板、底板温度达到设定值,温度差异稳定在0.5℃以内时,即可开始试验。

c. 试验板加热后指示灯灭时,立即按下"启动"开关。

d. 空白试验至少测定5个加热周期,等最后一个加热周期结束时,立即读取试验总时间和累计加热时间。

e. 在试验过程中记录仪器的罩内空气温度。

f. 每天开机只需做一次空白试验。

②有试样试验。

a. 试样正面向上平铺在试验板上,并将试验板四周全部覆盖。

b. 仪器预热一定时间,对于不同厚度和回潮率的试样,预热时间可不等,一般预热30~60min。

c. 当试验板加热后指示灯灭时,立即按下"启动"开关,开始试验。

d. 至少测定5个加热周期,等最后一个加热周期结束时,立即读取试验总时间和累计加热时间。

e. 在试验过程中记录仪器罩内空气温度。

(2)方法B:管式定时升温降温散热法。

①空白试验。

a. 加热管预热:按下各程序键,使加热管预热1min。

b. 试样架上不放试样,盖上外罩,按下空白试验键,仪器开始工作,记录显示器自动显示起点数和空白数,用于检查有试样试验时加热管的初始状态。每次开机只需做一次空白试验,空白试验结束后,按下"回复"键,移去外罩,使加热管冷却。

②有试样试验。

a. 按下"检查"键,等显示器显示数值恢复到空白试验的起点数时,即可开始有试样试验。

b. 试样正面向里放在试样架上,试样宽度恰好完全覆盖住加热管,并用夹持器将试样固定。

c. 盖上外罩,按下试验键,开始试验。

d. 试验结束,显示器自动显示试验结果,依次记录保温率、传热系数和克罗值。

(三)检测数据处理及检测分析

1. 方法A 计算每块试样的保温率、传热系数、克罗值,以三块试样的算术平均值为最终结果,按数值修约规则取四位有效数字。

(1)保温率。

$$Q = \left(1 - \frac{Q_2}{Q_1}\right) \times 100\%$$

式中:Q——保温率,%;

Q_1——无试样散热量,W/℃;

Q_2——有试样散热量,W/℃。

$$Q_1 = \frac{N \times \dfrac{t_1}{t_2}}{T_p - T_s}$$

$$Q_2 = \frac{N \times \dfrac{t_1'}{t_2'}}{T_p - T_s'}$$

式中:N——试验板电热功率,W;

t_1, t_1'——无试样,有试样累计加热时间,s;

t_2, t_2'——无试样,有试样实验总时间,s;

T_p——试验板平均温度,℃

T_s, T_s'——无试样,有试样罩内空气平均温度,℃。

(2)传热系数。

$$U_2 = \frac{U_{t0} \times U_1}{U_{t0} - U_1}$$

式中：U_2——试样传热系数，$W/(m^2 \cdot \mathrm{℃})$；

　　U_{t0}——无试样时试验板传热系数，$W/(m^2 \cdot \mathrm{℃})$；

　　U_1——有试样时试验板传热系数，$W/(m^2 \cdot \mathrm{℃})$；

$$U_{t0} = \frac{P}{A(T_p - T_a)}$$

$$U_1 = \frac{P'}{A(T_p - T_a')}$$

式中：A——试验板面积，m^2；

　P,P'——无试样，有试样热量损失，W。

$$P = N \times \frac{t_1}{t_2}$$

$$P' = N \times \frac{t_1'}{t_2'}$$

（3）克罗值（CLO）。

$$CLO = \frac{1}{0.155 U_2}$$

2. 方法 B　分别计算四块试样的保温率、传热系数和克罗值的算术平均值，按数值修约规则取四位有效数字。

思考题

影响织物保温性能的因素有哪些，为什么？

项目七　纺织品燃烧性能测试标准与检测

一、任务引入

人们每天都和纺织品直接接触，纺织品一旦燃烧，后果轻则烧伤皮肤，重则危及生命，所以对于家庭装饰用布、衣着用布都有阻燃性的要求，有些国家还强制规定了阻燃法令，阻燃整理已经很普遍，对纺织品进行阻燃性能测试也是十分必要的。当前织物燃烧性能的测试方法有垂直法、水平法、45°法、极限氧指数法等，其测试方法有所不同，它们的选取与纺织品燃烧难易程度、最终用途等有关。纺织品的燃烧可能会产生影响操作人员健康的烟雾和有毒气体，试验场所周围应有足够的空间，两次试验之间，应使用排风扇或其他通风设备消除试验场所内的烟雾和有毒气体，以避免危及试验人员的健康。本任务的参考标准为 GB/T 8746—2014《纺织品　燃烧性能　垂直方向试样易点燃性的测定》；FZ/T 01028—2016《纺织品　燃烧性能　水平方向燃烧速率的测定》；GB/T 5454—1997《纺织品　燃烧性能试验　氧指数法》；GB/T 14645—2014《纺织品　燃烧性能　45°方向损毁面积和接焰次数的测定》。

二、名词及术语

1. 点火时间　点火源的火焰施加到试样上的时间。

2. 续燃时间　在规定的试验条件下,移开点火源后材料持续有焰燃烧的时间。续燃时间精确到整数,续燃时间小于1.0s宜记录为0。

3. 点燃　燃烧开始。

4. 持续燃烧　续燃时间大于5s,或者在5s内续燃到达顶部或垂直边缘。

5. 最小点燃时间　在规定的试验条件下,材料暴露于点火源中获得持续燃烧所需的最短时间。

6. 火焰蔓延时间　在规定的试验条件下,火焰在燃烧着的材料上蔓延规定距离所需要的时间。

7. 火焰蔓延速度　在规定的试验条件下,单位时间内火焰蔓延的距离。

8. 阴燃时间　在规定的试验条件下,当有焰燃烧终止后,或者移开(点)火源后,材料持续无焰燃烧的时间。

9. 损毁长度　在规定的试验条件下,材料损毁面积在规定方向上的最大长度。

10. 极限氧指数　在规定的试验条件下,氧氮混合物中材料刚好保持燃烧状态所需的最低氧浓度。

三、任务实施

(一)垂直法

1. 检测原理及检测仪器

(1)检测原理。本方法适用于各类单层或多层(涂层、衍缝、多层、夹层和类似组合)纺织织物及其产业用制品。也适用于评定在实验室控制条件下,纺织织物与火焰接触时的性能,但可能不适用于空气供给不足的场合或在大火中受热时间过长的情况。接缝对于织物燃烧性能的影响可以用该方法测定,接缝位于试样上,以承受试验火焰,只要可行,装饰件宜作为织物组合件的一部分进行试验。本方法的测试原理是用规定点火器产生的火焰,对垂直方向的试样表面或底边点火,测定试样的续燃时间、阴燃时间及损毁长度,并计算平均值。

(2)检测仪器。织物垂直燃烧试验箱如图6-13所示,箱内尺寸为320mm×329mm×767mm。

试样夹:由两块厚2.0mm、长422mm、宽89mm的U形不锈钢构成,其内框尺寸为356mm×51mm。

点火器:管口内径为11mm,管头与垂线成25°,点火器入口气体压力为17.2kPa±1.7kPa,可控制点火时间精确到0.05s。

气体:工业用丙烷/丁烷混合气体。

计时装置:计时装置用来控制和测定火焰施加时间,可以设定为1s,并能以1s的间隔调节,精度至少为0.2s。

重锤:共有5种不同质量的重锤(含挂钩)。

另外还有医用脱脂棉、直尺、烘箱等。

2. 检测过程

(1)试样。用模板剪取试样,试样的尺寸为300mm×89mm。经向取5块,纬向取5块,共10块试样。

(2)试验条件。试样放置在GB/T 6529—2008规定的标准大气条件下进行调湿,调湿之后如果不立刻进行试验,应将调湿

图6-13　垂直燃烧试验箱

后试样放在密闭容器中,每一块试样从调湿大气或密闭容器中取出后,应在 2min 内开始试验。整个试验在温度为 10~30℃,相对湿度为 15%~80% 的大气环境中进行试验。在试样开始试验时,点火处的空气流动速度应小于 0.2m/s。在试验期间也不应受运转着的机械设备影响。

（3）试验步骤。

①关闭试验箱前门,打开气体供给阀,点着点火器,调节火焰高度,使其稳定达到 (40±2) mm。在开始第一次试验前,火焰应在此状态下稳定地燃烧至少 1min,然后熄灭火焰。

②将试样从密封容器或干燥器内取出,装入试样夹中,试样应尽可能地保持平整,试样的底边应与试样夹的底边相齐,试样夹的边缘使用足够数量的夹子夹紧,然后将安装好的试样夹上端挂在支架上,侧面被试样夹固定装置固定,使试样夹垂直挂于试验箱中心。

③关闭箱门,点着点火器,待火焰稳定后,移动火焰使试样底边正好处于火焰中心位置上方,点燃试样。此时距试样从密封容器或干燥器中取出时间必须在 1min 以内。

④到点火时间后,将点火器移开并熄灭火焰,同时打开计时器,记录续燃时间和阴燃时间,精确至 0.1s,如果试样有烧通现象,进行记录。

⑤当试验熔融性纤维制成的织物时,如果被测试样在燃烧过程中有熔滴产生,则应在试验箱的箱底平铺上 10mm 厚的脱脂棉,观察熔融脱落物是否引起脱脂棉的燃烧或阴燃,并记录。

⑥打开风扇,将试验中产生的烟气排出。

⑦打开试验箱,取出试样,沿着试样长度方向上损毁面积内最高点折一条直线,然后在试样的下端一侧,距其底边及侧边各约 6mm 处,挂上选用的重锤,再用手缓缓提起试样下端的另一侧,让重锤悬空再放下,测量并记录试样撕裂的长度,即为损毁长度,精确至 1mm。对燃烧时熔融又连接到一起的试样,测量损毁长度时应以熔融的最高点为准。

⑧清除试验箱中碎片,关闭风扇,然后再测试下一个试样。

3. 检测数据　分别计算经向、纬向 5 块试样的续燃时间、阴燃时间和损毁长度的平均值,结果精确至 0.1s 和 1mm。

如果试样有烧通,说明未烧通试样的续燃时间、阴燃时间以及损毁长度的实测值和平均值,并注明有几块试样烧通。

记录试样燃烧后特征,如碳化、熔融、收缩、卷曲等。

（二）水平法

1. 检测原理及检测仪器

（1）检测原理。水平法的测试原理是在规定的试验条件下,对水平方向的纺织试样点火 15s,测定火焰在试样上的蔓延距离和蔓延此距离所用的时间。

（2）检测仪器。

①水平法燃烧试验仪（图 6-14）。燃烧试验仪是用不锈钢制成的,前面装有一个耐热玻璃观察窗,箱底部设有十个通风孔,顶部四周有一条通风槽。箱内有安放试样夹的水平导轨。

②试样夹。试样夹由两块厚 9mm,长 360mm,宽 100mm 的 U 形耐腐蚀金属框架组成,其内框尺寸为 330mm×50mm。试样夹上框架上有三条标记线,标记线距离试样点火处分别为 38mm,138mm,292mm。

图 6-14　水平法燃烧试验仪

试样夹下框架上每跨距 25mm 的处有直径为 0.25mm 的耐热金属丝。

③气体点火器。点火器管口内径 9.5mm,点火器管口顶端离试样试验面 19mm。

④气体。工业用丙烷或丁烷气体。

⑤金属梳。长度至少为 110mm,每 25mm 内有 7~8 个光滑圆齿。

⑥秒表。精度为 0.1s。

⑦温度计:精度为 1℃。

2. 检测过程

(1)试样。每块试样的标准尺寸应为 350mm × 100mm。产品尺寸不足以制成规定尺寸的特殊试样,则应符合下列任一条件,保证试样经向或纬向被试样夹夹持。对宽度小于 60mm 的试样,长度取 350mm。对宽度为 60~100mm 的试样,长度至少取 160mm。每一样品,经纬向各取 5 块。长的一边要与织物的经向或纬向平行。试样在温度(20 ± 2)℃和相对湿度(65 ± 3)% 的标准大气中调湿,放置 8~24h(视织物厚薄而定),然后取出放入密闭容器内。

(2)试验步骤。

①在温度为 15~30℃和相对湿度为 30%~80% 的大气条件下进行试验。

②点着点火器,调节火焰高度,使点火器顶端至火焰尖端的距离为(38 ± 2)mm,并稳定 1min。

③将试样放入试样夹中,使用面向下。若是起毛或簇绒试样,把试样放在平整的台面上,用金属梳逆绒毛方向梳两次。使火焰能逆绒毛方向蔓延。

④将夹好试样的试样夹沿导轨推入,至导轨顶端。

⑤用计时装置控制点火器对试样点火,点火时间为 15s,此时距试样从密闭容器内取出的时间必须在 1min 以内。

⑥测量火焰蔓延时间和距离,时间记取 0.1s,距离记取 1mm。火焰蔓延至第一标记线时开始计时;火焰蔓延至第三标记线时,停止计时,火焰蔓延距离为 254mm;火焰蔓延至第三标记线前熄灭,停止计时,测定第一标记线至火焰熄灭处的距离。长度不足 350mm 的试样,测量火焰从第一标记线蔓延至第二标记线的时间,火焰蔓延距离为 100mm。

⑦清除试验箱中的烟、气及碎片。用温度计测定箱内温度,确定温度在 15~30℃时,再测试下一个试样。

3. 检测数据处理及检测分析   火焰蔓延速度按下式计算:

$$B = \frac{L}{t \times 60}$$

式中:B——火焰蔓延速度,mm/min;

L——火焰蔓延距离,mm;

t——火焰蔓延距离工时相应的蔓延时间,1s。

火焰蔓延速度按 GB/T 8170—2008 修约至小数点后一位。

火焰蔓延速度平均值以经纬向三个试样的平均值表示,按 GB/T 8170—2008 修约至整数。

试样没点着或火焰蔓延至第一标记线前熄灭,火焰蔓延速度均记为 0。

(三)45°方向燃烧性能测定法

1. 检测原理   在规定的试验条件下,对 45°方向纺织试样点火,测量织物燃烧后的续燃和阴燃时间及损毁长度。评价指标:续燃时间、阴燃时间、损毁长度。

（1）掌握纺织织物 45°方向燃烧性能测定方法。

（2）掌握纺织织物在 45°状态下的损毁面积和损毁长度的测定，了解国家标准 GB/T 14645—2014。

表 6-5　难燃性的分级

级别	炭化长度	残焰	残烬
1 级	50mm 以下	没有	1min 以后不存在
2 级	100mm 以下	5s 以下	1min 以后不存在
3 级	150mm 以下	5s 以下	1min 以后不存在

2. 实验装置

（1）燃烧试验仪（图 6-15）。用不锈钢制成的、前面装有玻璃门的直立长方形燃烧箱，箱顶与箱边侧均有通风孔，箱内能固定放置试样夹，使试样夹成 45°角。

（2）试样夹。试样夹持器由两块厚 2.0mm，长 490mm，宽 230mm 不锈钢框架组成，其内框尺寸为 250mm×150mm。

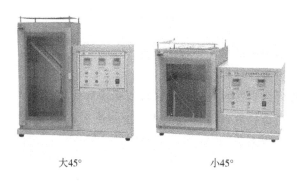

大45°　　　　　　　　小45°

图 6-15　HD 815 织物阻燃性能测试仪

（3）气体点火器，无空气进口。

（4）气体。使用工业用丙烷或丁烷气体

（5）点火器计时装置。用来控制和测量对试样的点火时间，精确度为 0.1s。

（6）求积仪。分辨率不低于 0.1cm²。

（7）此外，还有直尺烘箱。

3. 试样　每块试样的尺寸应为 330mm×230mm，长的一边要与织物的经向或纬向平行。每一样品，经纬向各取 3 块，若织物两面不同，需另取一组试样，分别对两面进行试验。试样在 (20±2)℃和(65±2)% 的标准大气中平衡，放置 8~24h（视织物厚薄而定），然后取出放入密封容器内。若试样不怕受热影响，则可在烘箱里于(105±3)℃干燥不少于 1h，然后在干燥器中至少冷却 30min。

4. 实验步骤

（1）在温度为 10~30℃和相对湿度为 15%~80% 的大气条件下进行试验。

（2）点着点火器并预热 2min。调节火焰高度使点火器顶端至火焰尖端的距离为(45±2)mm。

(3)试样放入试样夹中,并用固定针固定试样,使之不松弛。

(4)将夹好试样的试样夹以 45°方向放在燃烧试验箱中,点火器顶端与试样表面距离为 45mm。

(5)用计时装置控制点火器对试样点火,点火时间为 30s,试样从密封容器中取出至点火必须在 1min 以内。

(6)观察和测定续燃和阴燃时间,记取至 0.1s。

(7)打开风扇,将试验中产生的烟气排出。

(8)打开试验箱,取出试样用求积仪测定损毁面积,测量损毁长度,当燃烧引起布面不平整时,先用复写纸将损毁面积复写在纸上,再用求积仪测量,对于脆损边界不清晰的试样,撕剥边界后测量。

(9)清除试验箱中碎片,关闭风扇,再测试下一个试样。

(10)结果计算。测量损毁长度和损毁面积;续燃时间和阴燃时间计算至 0.1s。所列损毁长度、续燃时间、阴燃时间,应为各个试样的平均值,同时附列各个试样的实测值。

(11)燃烧特征。如碳化、熔融、收缩、卷曲等。

(12)评定试样的难燃性分级。

思考题

1. 织物的阴燃性能通常采用哪两种标准评判?

2. 纺织品燃烧试验方法的种类有哪些?

3. 通过试验谈谈你对纺织品阻燃性能的评价与标准的认识。

4. 说出织物垂直方向试样易点燃性的测试方法的使用范围,请找出其他织物燃烧性能的测试标准,并与此方法进行比较?

模块七　服装检测技术

项目一　服装辅料质量标准及检测

一、任务引入

服装辅料生产投料前,必须对使用的材料进行外观质量检测和物理、化学性能检测,以便掌握材料性能的有关数据和资料,从而在生产过程中采取相应的工艺手段和技术措施,提高产品质量及材料的利用率。另外还要对设计资料进行全面细致的检验。

服装材料按用途分为面料和辅料。面料大多为机织布或针织布,服装用辅料是指制作服装时除服装面料以外的一切材料,主要有里料、填料、衬垫料、缝纫线、紧扣材料等。服装辅料对服装起着很重要的作用,它既是色彩、造型的组成部分,又是服装结构的骨架和衔接组合机构。服装用辅料的质量好坏直接影响服装的外观效果及内在质量,在某种程度上,服装辅料的质量不仅决定了服装整体穿着性能,也体现了服装的档次与价格。

本任务主要介绍服装辅料的检测及要求,服装面料的检测同织物的性能检测相同。

二、任务实施

(一)缝纫线可缝性检测

缝纫线可分为棉线、丝线、涤纶线等。缝纫线在高速缝纫时,由于缝纫机针高速穿刺物料,机针与物料剧烈摩擦产生高热,缝纫线受热并同时受到磨损、冲击,以致断裂。所以要进行缝纫线可缝性检测。可缝性按规定车速、针号、针距、试料等条件进行测试,以缝纫断线时所能缝制的米数进行评级。

1. 试料　T/C 205 涤棉纱府绸、136 涤棉树脂衬布、纯棉带。

2. 试料准备　涤纶缝纫线、包芯缝纫线试料:五层涤棉纱府绸加一层涤棉树脂衬布,即在第二层和第三层试料之间加一层涤棉树脂衬布,测试时涤棉树脂衬布处于第三层。

棉缝纫线试料:七层纯棉带。

棉蜡光缝纫线试料:五层纯棉带。

3. 检测　量取尺寸为 200cm × 10cm 的试料,缝纫线随机取样 3 只。在规定的车速、针号、针距下缝制,计量缝至断线时的长度,最多缝制到 50m,不再继续测试。常用涤纶缝纫线、棉缝纫线、棉蜡光缝纫线、包芯缝纫线的车速、针号、针距规定见表 7 - 1。

表 7 - 1　车速、针号、针距规定

项目	缝线公称号数		
	29tex 以下(20^{s}以上)	29 ~ 36tex(20 ~ 16^s)	36 ~ 58tex(16 ~ 10^s)
车速(r/min)	4500	4500	4500
针号	9	11	14
针距(mm)	2	2	2.3

4. 可缝性评级　缝纫线可缝性分为 5 个等级,以 5 级最好,见表 7 - 2。

表 7 - 2　缝纫线可缝性评级

可缝性等级	评定依据	可缝性等级	评定依据
5 级	3 只试样平均达到或超过 40m	2 级	3 只试样在 20 ~ 10m
4 级	3 只试样在 40 ~ 30m	1 级	3 只试样在 10m 以下
3 级	3 只试样在 30 ~ 20m		

5. 缝纫线选择应注意事项　缝纫线的色泽与面料要一致,除装饰线外应尽量选相近色,且宜深不宜浅;缝纫线的缩水率与面料应一致;缝纫线的粗细与面料厚薄要适宜;缝纫线材料应与面料材料特性接近,线的色牢度、弹性、耐热性与面料要相适宜。

(二)服装里料检测

服装里料也称服装的夹里,是服装的重要组成部分,种类有固定夹里、活络式夹里、全夹夹里、半夹夹里、同质料夹里、异质料夹里、棉布夹里、真丝夹里等。

1. 里料的作用

(1)使服装穿脱滑爽方便,穿着舒适。

(2)减少面料与内衣之间的摩擦,起到保护面料的作用。

(3)增加服装的厚度,起到保暖的作用。

(4)使服装平整、挺括。

(5)提高服装档次。

(6)对于絮料服装来说,作为絮料的夹里,可防止絮料外露;作为皮衣的夹里,它能使毛皮不被玷污,保持毛皮的洁净。

2. 里料选择时注意事项

(1)里料的性能应与面料的性能相适应,这里的性能是指缩水率、耐热性能、耐洗涤性能、强力以及厚薄、重量等。

(2)里料的颜色应与面料相协调,里料颜色一般不应深于面料。

(3)里料应光滑、耐用,并有良好的色牢度。

(三)服装填料

服装填料有羽绒、人造棉等,本任务主要介绍羽绒的检测,羽绒的种类有鹅绒、鸭绒、鸽子绒等,不同种类的羽绒的保暖性差异很大,比如同等重量的羽绒、鹅绒和鸭绒,其保暖程度相差很多。同时,两者的价格也相差很大,鹅绒与鸭绒的价格比差大约为 1.5 倍,所以羽绒的检测十分必要。羽绒检测的项目有如下几个方面。

1. **绒子含量** 即羽绒羽毛中绒子的百分比,比如90%灰鸭绒,是指100g毛绒中有90g为绒子,其余10g为符合规格的毛片等。羽绒含量是作为羽绒羽毛贸易的结价依据,是衡量羽毛羽绒及其制品品质的重要指标之一。

2. **蓬松度** 蓬松度指在一定口径的容器内,加入经过预调制的定量毛绒,经过充分搅拌,然后在容器压板的自重压力下静止1min,羽绒所占有的体积就是它的蓬松度。蓬松度的好坏直接影响羽绒服及制品的保暖性。目前,各种羽绒蓬松度是不同的,一般国产鸭绒的蓬松度在450左右,国产鹅绒的蓬松度为450~600。

3. **耗氧指数** 羽绒的耗氧指数指100g毛绒中含有的还原性物质,在一定情况下氧化时消耗的氧气的毫克数。耗氧指数≤10为合格,超过则说明羽绒水洗工艺不够规范,会引起细菌繁殖,对人体健康不利。

4. **清洁度** 通过水作为载体,经震荡把毛绒中所含的微小尘粒转入水中,这些微小尘粒在水中呈悬浊状,然后用仪器来测定水质的透明度,以测定羽绒清洁程度。清洁度≥350mm为合格,反之则未达到指标要求,说明羽绒杂质多,轻易引起各种细菌吸收在羽绒中,同样对人体健康产生不利影响。

5. **异味等级** 5名检验人员中的3个人意见相同时作为异味评定结果,如异味超出标准规定指标时,说明水洗羽绒加工过程中洗涤有问题,羽绒服在穿着、保存过程中容易引起变质,影响环境和人体健康。

6. **羽绒种类** 目前,市场上羽绒产品繁多,质量也参差不齐,混入的大多数是鸽子毛、鸡毛等陆禽毛。

(四)服装衬料

服装衬料指用于面料与里料之间,附着或黏合在衣料上的材料,它具有硬、挺、弹性好的特点,是服装的骨骼,对服装起造型、保型、支撑、平挺和加固的作用。另外,还可以掩饰人体的缺陷,增强服装的牢度,常见的有领衬、胸衬、腰衬、大身衬,按原料分有棉布衬、麻衬、动物毛衬、黏合衬。

黏合衬质量的好坏表现在内在质量和外观质量两个方面,内在质量包括剥离强度、水洗和熨烫后的尺寸变化、水洗和平洗后的外观变化、吸氯泛黄和耐洗色牢度。

1. **热熔黏合衬性能检测** 热熔黏合衬是在底布表面涂上热熔型树脂,通过压烫,树脂熔融,使衬料与面料黏合而使服装达到加固、定型、增加美感等作用。

(1)剥离强度检测。剥离强度是指热熔黏合衬与被黏合面料剥离时所需的力。

剪取黏合衬经纬向(或纵横向)试样20cm×17cm各5块,标准面料经纬向(或纵横向)试样(料略大于衬布试样)也各5块。准备经熔压不影响试验结果的薄型设定尺寸纸片。将试样置于压烫机夹具上,涂有热熔胶的一面朝上,覆上标准面料,试样要与标准面料的经纬向(或纵横向)一致,纸片放在面料与衬布之间,便于剥离。参照热熔黏合衬生产厂家提供的熔压条件(温度、压力、时间)进行压烫黏合,然后在标准大气中放置至少4h。把试样一端剥开约5cm裂口后,衬布置于强力机上夹钳内,面料置于下夹钳内,以规定条件进行剥离试验。剥离强度为5次试验结果的平均值。

(2)黏合后干烫收缩。干烫收缩率是热熔黏合衬在规定的温度、压力和时间下受热,其尺寸变化的程度。

取黏合衬试样30cm×30cm,在没有涂胶的一面沿经纬向各打上距离为25cm的3组标记。

试样放在压烫机平板上,涂胶面朝上,覆上标准面料,参照热熔黏合衬生产厂家提供的熔压条件压烫,取出冷却后于标准大气中放置至少4h。分别测量试样上经、纬向3组标记的距离,以平均值计算干烫收缩率。

$$干烫收缩率 = \frac{压烫前后距离的变化值}{压烫前距离} \times 100\%$$

(3)黏合后耐水洗、干洗性能。热熔黏合衬与面料黏合后,以含有洗涤剂、一定温度的水洗涤或以规定的干洗剂干洗后,衬布与面料之间会起泡,造成剥离强度下降,尺寸发生变化。因此需对热熔黏合衬做耐水洗、干洗性能测试。

取30cm×30cm黏合衬试样,与规定的面料压烫黏合,在标准大气中放置4h。在试样上作间距25cm的3组标记。将组合试样投入洗衣机内,加入足够的陪衬布,使装布量达到规定要求(如1.4kg)。洗衣机内放入水(水位高约23cm),并加热至规定温度(水温按不同种类选择,如衬衫用衬适用水温为60℃±3℃,非织造衬或耐洗型外衣衬适用水温为40℃±3℃),加入90g洗衣粉(2g/L)进行洗涤。洗衣机洗涤搅拌35min后排尽洗涤液,加入清水在规定水温下漂洗2次,并甩干,放入烘箱以60℃±5℃烘干。将试样与标准外观样照对比,作出试样外观变化等级的评定,并测算水洗后的尺寸变化。

耐干洗性能检测的取样方法、测试程序、结果评定与耐水洗性能检测相似。

(4)渗胶性能。热熔黏合衬的渗胶是指黏合衬与面料或衬底布黏合后,热熔胶会从被黏合织物的正面或背面渗露出来的现象。黏合衬的渗胶会影响服装的外观。

取30cm×30cm黏合衬试样、标准面料和薄纸。将准备好的衬布样品覆盖上标准面料,置于压烫机上,涂有热熔胶一面朝向受热方。测试热熔胶渗出面料(正面渗料)情况,须将测试纸平放于面料一侧。测试热熔胶渗出底布(背面渗料)情况,须将测试纸平放于底布一侧。按规定条件压烫黏合再取出冷却。竖向拿起压烫后的布样,试纸自动脱落即为不渗料。

2. 选择衬料时注意事项

(1)衬料的性能与服装面料的性能相配,这里指的性能主要是指衬料的颜色、单位重量与厚度、悬垂性等。

(2)考虑服装造型与服装设计,硬挺的衬料一般用于领、袖和腰部,外衣的胸部用较厚的衬。

(3)考虑服装的用途,如有些需经水洗的服装则应选择耐水洗的衬料,并考虑衬料洗涤、熨烫尺寸的稳定性。

(五)服装衬垫

服装衬垫主要有肩垫和胸垫两种,肩垫是垫在上肩肩部的三角形衬垫,作用是加高加厚肩部,使肩部平整,从而达到修饰体形的作用,主要有泡沫垫肩和化纤垫肩两种;胸垫是衬在上衣胸部的一种衬垫物,其目的是加厚胸部,使其丰满,从而使穿着者更加富有人体的美感。

(六)紧扣类

紧扣类材料在服装中主要起连接、组合和装饰作用。它包括扣、钩、环、拉链。

1. 钩 钩是安装于服装经常开闭处的一种连接物,由左右两件组成。主要品种有领钩、裤钩及搭扣带。

2. 环 环是一种可调松紧的环状结构的金属制品,常用的环有裤环、拉心环、腰夹等。

3. 纽扣 纽扣既具有开、合作用,又具有装饰作用。纽扣的种类繁多,分类方法也很多,按结构可分为有眼纽扣、有脚纽扣、揿纽等,按材料分为金属扣和非金属扣等。

(1)纽扣的颜色与面料统一协调,或者与面料主要色彩相呼应,用扣的形状要统一,大小主次有序。

(2)直径小、厚度薄的纽扣,用来作为纽扣钉扣时的背面垫扣,以保证钉扣坚牢,服装平整。

(3)为了严格控制扣眼的准确尺寸和正确调整锁扣眼机,应准确地测量纽扣的最大尺寸。

4. 拉链   拉链是服装常用的带状开闭件。用于服装的扣紧件时,操作方便,简化了服装加工工艺。它有长短不同的规格,型式有闭尾式、开尾式、隐形式等。根据齿链的材料和形式可分为金属拉链、塑胶拉链和尼龙拉链等,拉链一般以号数(牙齿闭合时的宽度)来表示,号数越大,牙齿越粗,扣紧力越大。不同型号、不同材料的拉链,其性能也不同。选择拉链时应注意以下几点。

(1)应根据服装的用途、使用保养方式,面料的厚薄、性能和颜色,以及以拉链使用部位来选择,如轻薄的服装宜选用小号拉链。

(2)应考虑拉链底带的缩水率、柔软度、颜色与面料协调。

(3)应考虑服装的种类,如婴儿及童装紧扣材料宜简单、安全,一般采用尼龙拉链或搭扣,男装上应选厚重和宽大一些的,而女装应注意装饰性。

(4)应考虑服装的设计和款式,紧扣材料应讲究流行性。

(5)应考虑服装的用途和功能,台风雨衣、游泳装的紧扣材料要能防水,并且耐用,宜选用塑胶制品;女内衣的紧扣件要小而薄,重量轻但牢固;裤门襟和裙装后背的拉链一定要自锁。

(6)应考虑服装的保养方式,如常洗服装少用或不用金属材料。

(7)应考虑服装材料,如粗重、起毛的面料应用大号的紧扣材料,松结构的面料不宜用钩、袢和环。

(8)应考虑安放的位置和服装的开启形式,如服装紧扣处无搭门不宜用纽扣。

(七)装饰材料

装饰材料包括花边、绦、流苏以及金属片、光珠等缀饰材料。

(八)其他材料

1. 松紧带   可调节长度的设计。

2. 罗纹带   亦称罗口,是一种罗纹组织的针织物,材料有棉、羊毛、化纤等,主要用于服装的领口、袖口、裤口。

3. 标识   标识指服装的商标、尺码标、洗水标等。服装标识的种类很多,从材料上分,有胶纸、塑料、棉布、绸缎、皮革和金属。标识的印制方法更是千姿百态,有提花、印花及植绒。

在检验辅料时应该核对品名、数量、颜色、规格是否与要求相符,如纽扣,每袋100粒为标准,按规定的2%进行抽验,不可低于3粒以上;缝制线,以每只3000m为标准,不可短于10m以上;松紧带,以每扎100m为标准,每扎不允许短于0.2m以上。再查看外观,要求必须光洁、文字图案清晰,无损坏,无沾污,金属附件无锈斑及氧化斑渍,拉链要开合自如,纽扣的厚度、孔眼位符合要求。检查时可参照具体品种的要求。

思考题

认识服装辅料,给定羽绒,分组测试绒子含量、蓬松度、耗氧指数、清洁度、异味等级、羽绒种类。

项目二 服装生产检测

一、任务引入

服装生产检测是指服装生产过程中各工序的检验和各阶段制品的质量检测,包括裁剪过程检验和裁片质量检验,缝制、整烫过程检验和半成品质量检测。

二、任务实施

(一)裁剪质量检测

服装裁剪是服装正式投入生产的第一步。对批量服装加工来说,采用多层批量裁剪,如果裁剪质量出问题,影响的将是数百件、上千件服装衣片。

裁剪质量检测包括排料检验、铺料检验、划样检验和裁片检测。

1. 排料检验　排料是按照设计和制作工艺要求,本着"完整、合理、节约"的原则,将衣片合理紧凑地排在纸上绘成排料图或直接排在布料上。排料以后进行以下检验。

(1)衣片的正反面和对称性是否正确,有无漏排错排。服装大多是左右对称的,故许多衣片具有对称性,如衣袖和裤子的前后片,样板一般只用半身,这样就容易出现衣片漏排。这就要求排料时特别注意将样板正反各排一次。大多数服装面料有正反面之分,为了保证面料的正面就是服装的表面,排料时衣片方向必须与铺料方向吻合。

为防止漏排错排衣片,排料要结合铺料方式(单向、双向),既要保证面料正反一致,又要保证衣片的对称。例如,裤子前后裤片共需4片,衣料有正反面。双面铺料时,裤片样板正反各排两次,无位置限定,均能保证裤片的对称及正反一致。单面铺料时,裤片正反各排两次,且左右对称排才能避免漏排错排。

(2)衣片的丝缕方向是否正确。服装面料有经向和纬向之分,经纬向不同,面料性能也不一样。这将直接关系成形后的衣服是否平整挺括、不走样,穿着是否舒适美观。因此,服装设计师对各衣片的丝缕方向作了明确要求,并在样板上作了标记。排料时必须使样板的丝缕标记与面料的经向平行,决不能把直丝变成横丝或斜丝。

(3)衣片排列是否符合倒顺向、拼接、对条对格要求。

①当面料有绒毛、有方向性花纹图案或有条格的布料时,要检查衣片的排列是否符合"一顺儿"(即单一方向排列)和对条对格要求。

②表面起毛或起绒的面料,沿经向毛绒的排列就具有方向性。如灯芯绒面料一般应倒毛做,使成衣颜色偏深。粗纺类毛呢面料,如大衣呢、花呢、绒类面料,为防止明暗光线反光不一致,并且不易粘灰尘、起球,一般应顺毛做,因此,排料时都要一顺排。

③倒顺花、倒顺图案。这些面料的图案有方向性,如花草树木、建筑物、动物等,不是四方连续,则面料方向放错了,就会头脚倒置。

④对于条格面料,为使成衣后服装达到外形美观,都会提出一定的要求,如两片衣片相接后,条格连贯衔接,如同一片完整面料;有的要求两片衣片相接后条格对称;也有的要求两片衣片相接后条格相互成一定角度(如喇叭裙、连衣裙)。这些情况在排料时必须将样板按设计要求排放在相应的部位。

2. 铺料检验 铺料是根据裁剪方案所规定的铺料层数、拉布长度和方式将面料重叠平铺在裁床上。铺料完成后,需要检验的内容如下。

(1)铺料层数是否符合规定。

(2)是否做到三齐一准,即上手布头齐、落手刀口齐、靠身布边齐、铺料长度准(两头不超过1cm)。具体要求见表7-3。

表7-3 铺料公差范围

项目	允许公差(cm)		项目	允许公差(cm)	
	+	−		+	−
铺料长度	1.0		靠身布边齐	0.3	0.3
上下手两头层与层之间长短相等	0.5		格子纬斜要摊平,两边呈90°	0.15%	
两头刀口裁成直角	0.5				

(3)各层布面必须平整,否则衣片会变形,影响准确度。

(4)布料各层正反面、倒顺向、对条、对格及对花是否符合要求。

(5)拉布方式是否符合工艺要求。

3. 划样检验 划样就是将排料图以划具画在面料或薄纸或纸板上,纸板还需按线条打上连续的孔,制成漏板,再将漏板覆在衣料的表层上,经刷粉漏出衣料裁片的划样,作为开裁的依据。裁剪时可按面料上的线条开裁,或将画好的薄纸放在布料上直接开裁。划样后需检验以下内容。

(1)线条是否清晰明显。不能模模糊糊,特别是交叉点,更要明显,如有划错或改变部位的划线,一定要擦去原线条重划,或另作明显标记,以防裁错。线条要连续、顺直、无双轨线迹。

(2)划线是否准确。各种线条不得有歪斜或粗细不匀,以免直接影响裁片的规格质量。特别是对松软的面料或弹性较好的面料,更要注意划线的准确性,防止走样变形,达不到原样要求。

(3)面料正反面有无划错,大小样板有无漏划或错划,定位标记有无漏划或错划。

(4)丝缕是否正直。不同服装的划样对丝缕歪斜的允许误差有不同要求,以西服、大衣、西裤类服装为例说明,见表7-4和表7-5。

表7-4 西服、大衣类服装丝缕的技术规定

服装部位	对丝缕的技术规定
前身	经纱以领口宽线为准,不允斜
后身	经纱以腰节下背中线为准,西服倾斜不大于0.5cm,大衣倾斜不大于1.0cm,条格料不允斜
袖子	经纱以前袖缝为准,大袖片倾斜不大于1.0cm,小袖片倾斜不大于1.5cm
领面	纬纱倾斜不大于0.5cm,条格料不允斜
袋盖	与大身纱向一致,斜料左右对称
挂面	以驳头止口处经纱为准,不允斜

表7-5 男衬衫丝缕的技术规定

服装部位	对丝缕的技术规定
前身	经纱以烫迹线为准,倾斜不大于1.5cm,条格料不允斜
后身	经纱以烫迹线为准,左右倾斜不大于2.0cm,条格料倾斜不大于1.0cm
腰头	经纱倾斜不大于1.0cm,条格料倾斜不大于0.3cm

4. 裁片检验

面料的疵点经过验布工序,大部分被验出,并经过一定修整,但一些不能修整的、在裁剪时无法避开的疵点,最终会成为裁片的疵点。此外,裁剪质量的高低、裁片是否符合裁剪工艺要求等,也需在验片时进行检查。验片内容如下。

(1)用样板校对裁片的规格、形状,各曲线的弧度、弯势,丝缕方向是否正确。

(2)裁片的对位刀眼、钻眼等标记是否准确。

(3)裁片的对条格、对图案和倒顺毛是否符合工艺要求。

(4)裁片边缘是否有毛边、破损,是否圆顺等。

(5)逐层翻查,查看裁片的疵点是否在允许范围,编号是否有错编、漏编。不同的服装,服装上不同部位,对面料带有的疵点的允许程度也不同。图7-1~图7-3是各种服装的部位划分,表7-6~表7-8为西服、大衣不同部位允许存在的面料疵点程度。

对不符合质量要求的裁片,能修补的则修补,不能修补的,必须重新换片。

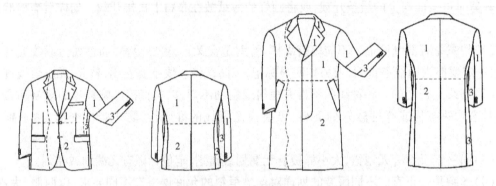

图7-1 西服、大衣的部位划分示意图

表7-6 西服、大衣各划分部位允许出现疵点的程度

疵点名称	各部位允许程度		
	1号部位	2号部位	3号部位
粗于一倍粗纱	0.4~1.0cm	1.0~2.0cm	2.0~4.0cm
大肚纱3根	不允许	不允许	1.0~4.0cm
毛粒(个)	2	4	6
条痕(折痕)	不允许	4.0~2.0cm,不明显	2.0~4.0cm,不明显
斑疵(油斑、锈斑、色斑)	不允许	(0.3×0.3)cm²以下,不明显	(0.5×0.5)cm²以下,不明显

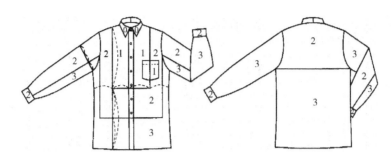

图7-2 衬衫的部位划分示意图

表7-7 衬衫各划分部位允许出现疵点的程度

疵点名称	各部位允许程度			
	0号部位	1号部位	2号部位	3号部位
粗于一倍粗纱2根	不允许	3.0cm以下	不影响外观	长不限
粗于二倍粗纱3根	不允许	1.5cm以下	4.0cm以下	6.0cm以下
粗于三倍粗纱4根	不允许	不允许	2.5cm以下	4.0cm以下
双经双纬	不允许	不允许	不影响外观	长不限
小跳花(个)	不允许	2	6	不影响外观
经缩	不允许	不允许	长4.0cm宽1.0cm以下	不明显
纬密不匀	不允许	不允许	不明显	不影响外观
颗粒状粗纱	不允许	不允许	不允许	不允许
经缩浪纹	不允许	不允许	不允许	不允许
断经断纬1根	不允许	不允许	不允许	不允许
搔损	不允许	不允许	不允许	轻微
浅油纱	不允许	1.5cm以下	2.5cm以下	4.0cm以下
色档	不允许	不允许	轻微	不影响外观
轻微色斑(污渍)	不允许	不允许	$(0.2 \times 0.2)cm^2$以下	不影响外观

表7-8 下装各划分部位允许出现疵点的程度

疵点名称	各部位允许程度		
	1号部位	2号部位	3号部位
粗于一倍粗纱	0.5~1.5cm	1.5~3.0cm	3.0~5.0cm
大肚纱3根	不允许	1.0~2.0cm	2.0~3.0cm
毛粒(个)	2	4	6
条痕(折痕)	不允许	1.0~2.0cm,不明显	2.0~4.0cm,不明显
斑疵(油斑、锈斑、色斑)	不允许	$(0.3 \times 0.3)cm^2$以下,不明显	$(0.5 \times 0.5)cm^2$以下,不明显

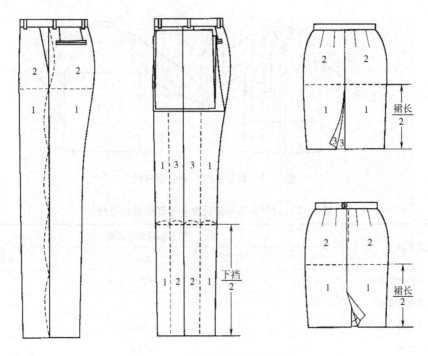

图7-3 下装的部位划分示意图

(二)缝制、整烫质量检测

缝制、整烫质量检测又称为半成品检测。对其质量进行检验能在生产过程中尽早发现问题,及时予以改正,减少以后的返修和返工。

外观质量检验项目如下。

(1)缝制制品的外观质量检验。缝制制品检验是指服装各部件组装成完整成衣之前对各部件进行的检验。制品检验的内容如下。

①部件外形是否符合设计要求,应与标准纸样进行对照检查。

②缝合后外观是否平整,缝缩量是否过少或过量。

③线迹的数量及线迹的光顺程度是否符合质量规定。

④中间熨烫成形质量是否符合设计要求,如分缝是否熨烫到位且平挺;有无烫黄、污迹等沾污现象。

(2)半成品的外观质量检验。半成品是指在制品以一定的缝制方式连接成的一件完整服装(即成衣)。对其进行检验的内容如下。

①所使用的各种辅料,如线、带子、扣、填充料及衬料等是否与规定的相符。

②缝制质量是否符合工艺技术要求,如兜牙宽窄是否一致,缝迹整齐与否,各部位对条、对格是否在要求范围内等。

③商标、规格标志及成分与洗涤标志等是否钉准、钉牢。

④熨烫外观是否平挺或符合设计要求,有无烫黄、烫焦、变硬、亮光、渗胶等现象。

⑤产品是否整洁,线头、污渍是否清除。

成衣不同部件的缝制工艺要求见表7-9。

表 7 – 9　成衣不同部件的缝制工艺要求

成衣部件	缝制工艺要求
领子	平服,不卡脖、离脖,前领经纬纱左右对称,牢固,缝线顺直均匀
驳头、驳口	丝缕正直,串口、驳口顺直、左右对称,驳口平服
止口	顺直平挺,不搅不豁,左右对称
前身	前胸丰满、挺括,衬服贴,腰省顺直,省尖不起泡,省缝口袋位左右对称
袋	大袋平服,袋角圆顺,大小与袋口适应,封口清晰牢固,左右一致
后背	背缝挺直不起翘
袖	袖窿圆顺饱满,两袖对称
裤腰	面、里衬平服顺直,松紧适宜,宽窄一致
门、里襟	面、里衬平服顺直,松紧适宜,左右一致,里襟不得长于门襟,拉链进出高低适宜,裤钩定位准确
前、后裆	圆顺平服
裤袋	袋位高低一致,袋口大小一致,侧缝顺直平服
裤脚口	平直不吊裆,左右大小一致,扣边一致
打结	结实、美观
钉扣	收线打结牢固
锁眼	不偏斜,扣眼与眼位对位准确
商标	位置端正,号型标志正确清晰
线迹	线路顺直、整齐(起至回针牢固,搭头线长度适宜,无漏针、脱线、跳针),底面线松紧适宜(与面料厚薄、质地相适应),平服美观
对条格图案	左右是否对称,对位、色差是否符合要求

不同产品的缝制、整烫质量要求是不同的。

(三)接缝强力检测

接缝强力又称纰裂程度,是指服装主要接缝部位(一般指肩缝、袖缝、袖窿缝、侧缝、背缝等)在外力作用下,纱线离开缝迹处最大的滑移量。纰裂程度达不到标准规定指标,意味着服装产品的接缝牢度差,将直接影响穿着牢度。

1. 取样　不同服装取样部位有不同的要求,表 7 – 10 是部分服装取样部位的规定。试样尺寸 5cm×20cm,每个部位取 3 块。

表 7 – 10　服装缝子纰裂检测取样规定

服装种类	检测部位	取样部位规定	备注
男、女西裤	裤后缝	后龙门弧线 1/2 处为样本中心	—
	裤侧缝	裤侧缝上 1/3 处为样本中心	—
	下裆缝	下裆缝上 1/3 处为样本中心	—
	后裆缝	如图 7 – 7 所示	—

续表

服装种类	检测部位	取样部位规定	备注
衬衫	摆缝	摆缝长的 1/2 为样本中心	—
	袖窿缝	后袖窿弯袖底十字后 5cm 为样本中心	—
	袖缝	袖缝长 1/2 处往上 4cm 为样本中心	短袖不考核
	过肩缝	过肩缝 1/3 处为样本中心	—
男西服、大衣	后背缝	后领中向下 25cm 为样本中心	—
	袖窿缝	后袖窿弯处为样本中心	—
	摆缝	袖窿处向下 10cm 为样本中心	—

注 所取试样长度方向均垂直于取样部位的接缝。

男、女西裤后裆缝纰裂检测取样如图 7-4 所示。

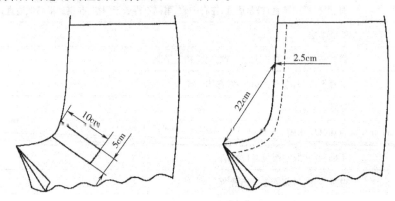

图 7-4 男、女西裤后裆缝纰裂检测取样

2. **检测方法与结果** 织物强力机上下夹钳距离为 10cm。将试样固定在夹钳中间(试样下端先挂上 2N 的预加负荷钳,再拧紧下夹钳),使接缝与夹钳边缘相互平行。以 5cm/min 的速度逐渐增加至规定负荷(面料 100N±5N,里料 70N±5N),停止下夹钳的下降,然后在强力机上垂直量取其接缝脱开的最大距离,单位为 cm,如图 7-5 所示。以 3 块试样缝口脱开的平均值作为检测结果。

西裤后裆缝接缝强力以强力机测得的试样断裂强力平均值作为检测结果。

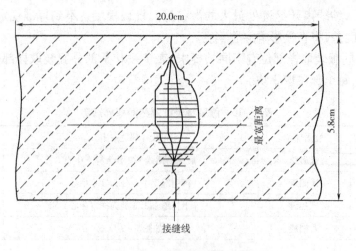

图 7-5 缝子纰裂程度测量

3. **缝子纰裂程度规定** 对服装缝子纰裂程度,国家标准规定:主要部位缝子纰裂程度不大于0.6cm,检测结果出现滑脱或断裂则判定为不合格。

西裤后裆缝接缝强力不小于140N/(2.5cm×10cm)。

接缝强力除了受缝型、线迹、面料性能、缝纫线性能、线迹密度等影响外,还与缝制中缝纫线的张力、面料被机针损伤、因机针与材料剧烈摩擦而产生的高温损伤等加工因素有关。在生产过程中应及时抽样检测,能及早发现问题,及时解决。

思考题

1. 根据所掌握的服装裁片质量检验方法、验片的方法、接缝强力检测方法这些基本知识,并按照表7-11所规定的检测内容对男西裤半成品质量进行检测,表格填写规整,最后分组上交。

表7-11 男西裤半成品质量检查表

制品		男式西裤	制品中间检查				
检查数		件					
不良数		件				检查时间	年 月 日
检查项目		检查部位	裁剪不良(个)	缝制不良(个)	整烫不良(个)	外观尺寸(cm)	合计
裤前片	侧袋	袋口尺寸					
		袋口明线					
		袋布					
		挡口布					
	褶	褶裥量					
		褶位					
	拉链	门襟明线					
		拉链					
		掩襟					
裤后片	后袋	袋牙					
		袋口尺寸					
		挡口布					
		袋布					
	省	省位					
		省量					
前后片缝合	侧缝	侧缝线迹					
		侧缝熨烫					
	裆线	前后裆线					
		裆线熨烫					
	脚口	脚口折边					
		脚口熨烫					

续表

制品	男式西裤	制品中间检查				
检查数	件	制品中间检查				
不良数	件			检查时间	年 月 日	
检查项目	检查部位	裁剪不良(个)	缝制不良(个)	整烫不良(个)	外观尺寸(cm)	合计
腰	腰头	腰头宽				
腰	腰头	腰明线				
腰	腰头	穿带袢				
熨烫	半成品	烫迹线				
熨烫	半成品	口袋				
熨烫	半成品	腰头				
熨烫	半成品	门襟				
熨烫	半成品	脚口				
熨烫	半成品	裆线				
熨烫	半成品	侧缝线				
其他	部位	缺点件数				
其他	部位	不良理由				
其他	部位	处理				

2. 服装裁片质量检验对服装加工生产有何影响？

3. 服装验片有何意义？

4. 服装缝制、整烫质量检验对服装加工生产有何影响？

5. 缝制、整烫质量检验方法有哪些？

6. 服装接缝强力检验对服装成品有何影响？

项目三　服装成品标准及检测

一、任务引入

成品检验是指服装缝制熨烫成形后对成品的品质、规格、数量、包装标识等进行的检验。成品检验包括规格检测、缝制质量检测、外观质量检测和理化性能检测等。

二、服装成品检验操作程序

成品检验时应注意：检验的重点放在成品的正面外观上，按规定的动作过程和检验程序进行。在抽查服装规格时，除测量几个主要控制部位外，还必须包括口袋大小、领子宽窄等重点细节的尺寸。

为了迅速、准确、无遗漏地检验成品的质量，通常以"从上到下、从左至右、由外及里"为检验顺序，按一定的动作过程完成检验。检验的姿势以站立为宜，也可坐在较高的凳子上检验。

以男西服上装为例,检验的顺序和动作过程见表7-12。

表7-12　西服、大衣规格检验操作程序

序号	部位	动作过程	检查内容
1	前身全体	将服装穿于模型架上,扣上第一粒纽扣	1. 前身的造型 2. 对格对条的部位 3. 有无明显污渍、线头、面疵
2	领、驳头	左右两手分别放入领缺嘴下,自上而下移动	1. 衣领的绲缝效果、领面阔度,有否松紧、翘、卷 2. 左右领、驳头面是否左右对称。条格面料对条对格 3. 驳折线应坚挺、平直
3	门襟	右手于纽孔下,左手于表面周围检查	1. 锁纽眼是否光滑、美观、牢固,钉纽是否美观、牢固 2. 门襟、里襟止是否平服、顺直,有无止口反吐,门里襟应长短一致 3. 挂面应与前身有适宜的松紧度
4	左前肩部	左手拿袖与前身的缝合部位,略微向外翻转	检查领迹线、肩垫、肩缝及袖山,是否缝制美观,吃势适宜、平服
5	左前身	左手拿前身面料略微拉动	1. 暗缝线有否过面,是否牢固;暗缝有否跳针,吃势是否均匀 2. 黏合衬是否有起壳现象 3. 面料丝缕是否正直
6	左腰袋	右手翻起袋盖,左手插入袋内,略微拉动袋里	1. 袋盖的图纹要与前身配合,袋盖里面料松紧适宜,不得卷翘 2. 套结与嵌线应牢固、美观,嵌线不应有裂形,松紧适宜 3. 袋里滴针有否遗漏,并且不能滴到袋内
7	左袖	1. 左手袖口伸衣袖,右手拿住袖的外袖缝及内袖缝,略微拉动 2. 分开袖叉部位	1. 内外袖缝是否平服,吃势均匀 2. 内外袖缝是否滴针,面料与夹里是否因滴针引起不平服 3. 袖叉之暗缝是否牢固、美观 4. 整袖的缝制,不应过高或过低
8	右前肩部	同左前肩部	同左前肩部
9	右前身	1. 同左前身 2. 左手插入手巾袋,略扯动夹里	1. 同左前身 2. 贴袋与前身是否缝制牢固、美观、平服,袋里是否与胸衬有滴针
10	右腰袋	同左腰袋	同左前身
11	右袖	同左袖	同左袖 对比双袖应对称一致

序号	部位	动作过程	检查内容
12	右侧缝及腋下	1. 将模型转动90°，使服装侧面面对检查者 2. 左手翻起右袖	1. 侧缝是否平服 2. 袖窿线腋下是否平服，吃势应均匀
13	背面	将模型架转动90°使背面面对检验者	1. 后背整体造型及条格与花型是否美观，符合要求 2. 各暗缝是否平服、顺直 3. 是否有污渍、线头、面疵
14	左后肩部	左手拿来袖与大身缝合处，略向外翻	1. 装袖是否圆顺、饱满，暗缝是否吃势均匀 2. 垫肩缝制是否平服，位置是否正确
15	后领	1. 右手食指伸入后领下，左右移动 2. 翻起后领	1. 检查领的缝制是否平服、牢固，领面是否平服自然 2. 检查后领翻好后，是否松紧适宜，有无爬领或荡领
16	右后肩部	同左后肩部	同左后肩部
17	摆叉或后叉	右手翻起摆叉，并略微拉动	1. 开叉不能有搅豁 2. 开叉处缝合是否牢固、平服 3. 里外应长短一致
18	前夹里	将衣服取下，反穿于模型上，将前身面对检验者	1. 检查夹里缝制是否有足够的余量，是否有较严重的裂形 2. 有否污渍、线头、面疵 3. 商标是否缝制端正
19	左袖窿	1. 将上袖夹里线迹分开 2. 左右手分别拉住前身与袖夹里	1. 检查上袖夹里，针迹是否过稀，吃势是否均匀，是否滴针 2. 肩缝、装领线是否松紧适宜、平服美观
20	左里袋	将左手插入袋内，略扯动袋里	检查领线、套结是否缝制完善，袋里有否滴针
21	门襟挂面	左手拿住挂面驳折线处，右手拿住前身面料，略拉动	1. 挂面内拱针是否遗漏，拱针不能露出于表面 2. 挂面与夹里缝合是否吃势均匀，适宜
22	右袖窿	同左袖窿	同左袖窿
23	右里袋	同左里袋	同左里袋
24	里襟挂面	同门襟挂面	同门襟挂面
25	后身夹里	将模型转动180°，使背部面向检验者。左手拿背缝处夹里，轻微拉动	1. 检验夹里是否有充足的余量，缝制有否裂形 2. 有否污渍、线头、面疵等 3. 背缝有否滴针
26	两袖夹里	1. 检查人站在模型背面，双手从袖窿处插入两袖内 2. 顺势取下衣服，将服装翻转或正面	检查袖夹里在上袖夹里时，有无扭曲

三、服装成品规格检测

用皮尺测量成品服装各个部位的尺码,对照生产通知书,检验是否符合要求,误差是否在允许范围内,并确定其缺陷类别和成品等级。

(一)检测部位及测量方法

服装成衣规格主要的检测部位和测量方法见表7-13。

表7-13 服装成衣规格主要的检测部位和测量方法

检测部位	测量方法
领大	领子平摊横量,立领量上口,其他领量下口
衣长(连衣裙长)	由前左侧肩缝最高点垂直量至底边(连衣裙量至裙底边)
胸围	扣好纽扣,前后身摊平,沿袖窿底缝横量(以周围计算)
袖长	由左袖最高点量至袖口边中间(衬衫量至袖头边)
连肩袖长	由后领窝中点量至袖口中间
总肩宽	由肩袖缝交叉点处横量(男衬衫解开纽扣放平,由过肩两端1/2处横量)
袖口	袖口摊平横量(以周围计算)
裤长(裙长)	从腰上口沿侧缝摊平垂直量至裤脚口(裙子量至裙底边)
腰围	扣好裤钩(纽扣),沿腰宽中间横量(以周围计算)
臀围	从侧袋下口处前后身分别横量(以周围计算)

(二)常见成衣规格检测与允许公差

1. **西服、大衣规格检测与允许公差** 西服、大衣主要部位规格的检测如图7-6和表7-14所示。

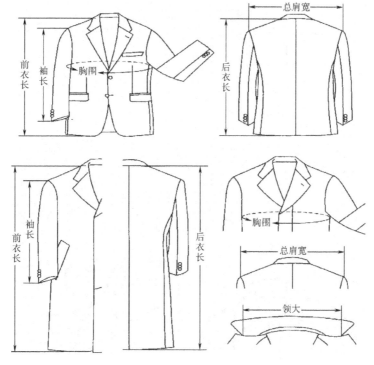

图7-6 西服、大衣规格的测量

表 7-14 西服、大衣主要部位的规格检测

主要部位	检测方法
衣长	由颈侧点垂直量至底摆,或由后领窝中点垂直量至底摆
胸围	扣上纽扣,前后身摊平,沿袖隆底缝横量(以周围计算)
总肩宽	由左肩点横量至右肩点
袖长	由肩点沿袖外侧量至袖口边

西服、大衣规格的允许公差见表 7-15。

表 7-15 西服、大衣主要部位规格的允许公差

部位名称		允许公差(cm)
衣长	西服	±1.0
	大衣	±1.5
胸围	5·3系列	±1.5
	5·4系列	±2.0
领大		±0.6
总肩宽		±0.6
袖长		±0.7

2. 衬衫规格检测与允许公差 衬衫主要部位规格的检测如图 7-7 和表 7-16 所示。

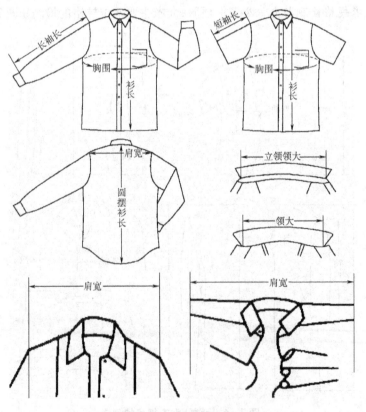

图 7-7 衬衫规格的测量

表7-16　衬衫主要部位的规格检测

检测部位		测量方法
领大		领子摊平横量,立领量上口,其他领量下口
衣长		摊平服装,男衬衫由领侧最高点垂直量至底边;女衬衫由前身肩缝最高点垂直量至底边;圆摆款式由后领窝中点垂直量至底边
袖长	长袖长	由袖子最高点量至袖头边
	短袖长	由袖子最高点量至袖口边
胸围		扣上纽扣,前后身摊平(后褶拉开),沿袖底缝处横量(以周围计算)
肩宽		男衬衫由过肩两端2~2.5cm处为定点水平横量;女衬衫解开纽扣放平,由肩袖缝交叉处横量

衬衫主要部位规格的允许公差见表7-17。

表7-17　衬衫主要部位规格的允许公差

部位名称	允许公差(cm)	
	一般衬衫	有填充物的衬衫
领大	±0.6	±0.6
衣长	±1.0	±1.5
长袖长	±0.8	±1.2
短袖长	±0.6	—
胸围	±2.0	±3.0
肩宽	±0.8	±1.0

3. 下装规格检测与允许公差　下装主要部位规格的检测如图7-8和表7-18所示。

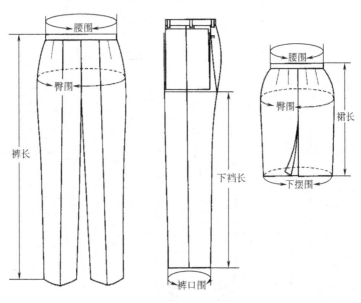

图7-8　下装规格的测量

表7-18 下装主要部位的规格检测

检测部位	测量方法
裤长(裙长)	把服装摊平,由腰上口沿侧缝垂直量至脚口(底摆)边
腰围	扣好裤钩或纽扣,沿腰宽中间横量(以周围计算)
臀围	从腰缝以下的上档2/3处,前后片分别横量(以周围计算)

下装主要部位规格的允许公差见表7-19。

表7-19 下装主要部位规格的允许公差

部位名称		允许公差(cm)
裤长		±1.5
裙长		±1.0
	腰围	±1.0 或 ±1.5
	臀围	±1.5 或 ±2.0

4. 针织服装规格检测与允许公差 针织服装的制作既可以由纱线编织成衣片缝制而成(俗称毛衣或毛衫),也可以由针织面料裁剪缝制而成。服装种类繁多,仅以棉针织内衣的质量检测为例。

针织内衣规格尺寸的测量部位及方法如图7-9和表7-20所示。

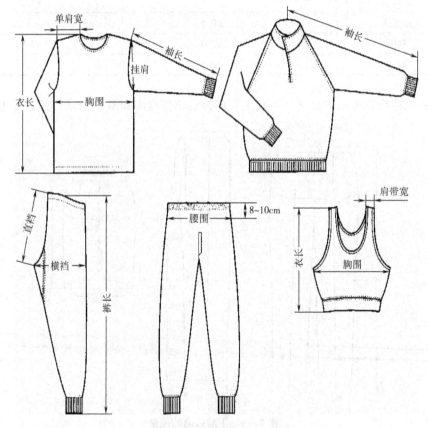

图7-9 针织内衣规格的测量

表 7 - 20　针织内衣规格尺寸的测量部位及方法

检测部位	测量方法
衣长	由肩缝最高处量至底边,连肩的由肩宽中点量至底边
胸宽	由袖隆缝与肋缝缝合处向下2cm处横量
袖长	由肩缝与袖隆缝的交点量至袖口边,插肩式由后领中点量至袖口处
单肩宽	由肩缝最高处量至肩缝与袖隆缝交点
挂肩	大身和衣袖接缝处自肩直线量至腋下
裤长	后腰宽的1/4处向下直量至裤口边
直裆	裤身对折,从腰边口向下斜量至裆角处
横裆	裤身对折,从裆角处横量
腰宽	侧腰边向下8~10cm处横量
肩带宽	肩带合缝处横量

针织内衣规格尺寸公差要求见表 7 - 21。

表 7 - 21　针织内衣规格尺寸公差要求　　　　　　单位:cm

部位名称		儿童、中童			成人		
		优等品	一等品	合格品	优等品	一等品	合格品
衣长		-1.0		-2.0	±1.0	+2.5~-1.5	-2.5
胸(腰)宽		-1.0		-2.0	±1.0	+2.5~-1.5	-2.0
袖长	长袖	-1.0		-2.0	-1.5	-1.5	-2.5
	短袖	-1.0		-1.5	-1.0	-1.0	-1.5
裤长		-1.5		-2.5	±1.5	+2.5~-2.0	-3.0
直裆		±1.5		±2.0	±2.0	±2.0	±3.0
横裆		-1.5		-2.0	-2.0	-2.0	-3.0

四、服装外观质量检测

服装外观质量检测内容包括经纬纱向、对条对格、拼接、色差、成品外型与疵点、整烫质量、断针等。

(一)色差检测

1. **检验条件**　在正常的北向自然光线下进行,若在灯光下检验,其照度须不低于750lx。

2. **检验设备、工具**　检验台(100cm×200cm)、评定变色用灰色样卡(GB/T 250—2008)。

3. **对比检验**　将服装与色卡在检验台上进行对比检验。各类服装的色差规定见表 7 - 22。

表 7 - 22　各类服装的色差规定

服装种类	色差规定
西服、大衣	袖缝、摆缝色差不低于4级,其他表面部位高于4级,套装中上装与裤子的色差不低于4级
衬衫	领面、过肩、口袋、明门襟、袖头面与大身色差高于4级,其他部位不低于4级

续表

服装种类	色差规定
西裤	表面部位高于4级,下裆、腰头与大身色差不低于4级;套装中上装与裤子的色差不低于4级
风雨衣	领子、驳头、前身高于4级,其他表面部位高于4级
羽绒服	表面部位不低于4级,袖缝、摆缝色差不低于3-4级
儿童服装	表面部位不低于4级,袖缝、摆缝、下裆缝等4级
裙	表面部位高于4级,其他部位不低于4级
单、夹服装	领子、驳头、前披肩与前身的色差高于4级,其他表面部位高于4级,覆黏合衬造成的色差不低于3-4级,其他表面部位不低于4级

(二)断针、遗针检测

服装生产时,一旦在衣物里留下缝针会直接伤害到穿用者,特别是婴幼儿。因此,进行检针是十分必要的。

检针机有手持式、平板式、输送带式和隧道式4种,都是利用磁感应来检测服装产品中是否存在金属针。检测前应将服装上的金属附件作消磁处理,或除去金属附件。当有断针、遗针被探测到时,指示灯及信号会显示。

以手持式检针机检测时,服装可不进行以上处理。检验者把检针机紧贴衣物正反面每个部位。手持式检针机因体积小,探测面有限,适用于检验员抽查货物时随身携带使用。

使用平板式检针机时,检测者把服装折叠后逐件平放在探测平板上,再横推过探测面,正反面各探测一次。检测时,检测者手上不能有首饰、手表等金属物,以免影响探测灵敏度;机器要放在平稳的桌面上,以免因震动而出现误鸣。

输送带式检针机以输送带自动传送衣物,在传送过程中进行检测。使用时,检测者把折叠好的衣物平放在输送带上即可。当有断针被检测出时,输送带停止运动。

隧道式检针机也是在自动传送衣物的过程中探测金属针。服装以挂件的形式传送,不需折叠,检测方便快捷。

(三)成品外型检测

成品外型检测就是从整体上对成品造型适体方面进行检验。不同的服装有不同的外型要求,以下以西服、大衣、衬衫、西裤为例,检测方法与缝制、整烫半成品外观质量检验操作规程相似。

1. 服装成品外型要求

(1)男西服、大衣外型质量要求见表7-23。

表7-23 男西服、大衣外型质量要求

部位名称	外型质量要求
领子	领面平服,领窝圆顺,左右领尖不翘适宜
驳头	串口、驳口顺直,左右驳头宽窄、领嘴大小对称,领翘适宜
止口	顺直平挺,门襟不短于里襟,不搅不豁,两圆头大小一致
前身	胸部挺括、对称,里、面、衬服贴,省道顺直

部位名称	外型质量要求
袋、袋盖	左右袋高、低、前、后对称,袋盖与袋宽相适应,袋盖与大身的花纹一致
后背	平服
肩	肩部平服,表面没有褶,肩缝顺直,左右对称
袖	绱袖圆顺,吃势均匀,两袖前后,长短一致

(2)衬衫外型质量要求。

①领窝圆顺对称,领面平服。

②领尖对称,长短一致。

③商标、标记清晰端正。

④成衣折叠端正平服。

⑤各部位熨烫平挺,无烫黄、极光、水渍、变色等。

⑥各部位洁净,无脏污,无线头。

⑥水洗后效果优良,有柔软感,无黄斑、水渍印等。

⑦面料与黏合衬不脱胶、不渗胶,不引起面料皱缩。

(3)西裤外型质量要求见表7-24。

表7-24 西裤外型质量要求

部位名称	外型质量规定
腰头	面、里、衬平服,松紧适宜
门、里襟	面、里、衬平服,松紧适宜,长短互差不大于0.3cm,门襟不短于里襟
前、后裆	圆顺、平服
串带	长短、宽窄一致;位置准确、对称,前后互差不大于0.6cm,高低互差不大于0.3cm
裤袋	袋位高低、前后大小互差不大于0.5cm,袋口顺直平服
裤腿	两裤腿长短、肥瘦互差不大于0.3cm
裤脚口	两脚口大小互差不大于0.3cm

2. 服装常见外观疵点

(1)止口搅。止口下部交叠过多。

(2)止口豁。止口下部豁开。

(3)肩头裂。小肩不平起皱。

(4)爬领。上领外口较紧,领口往上爬,下领领脚外露。

(5)荡领。衣领领口的两边在肩步处壳开,不贴身。

(6)领圈豁。无领上衣领圈边缘宽松,不贴身,豁开。

(7)领面松。领面起绉。

(8)领面紧。领面起骨。

(9)领尖断尖。领尖不尖,不是呈锐角形状,而是呈钝角形或小圆角形状。

（10）两袖前后。袖子装缝后一前一后。

（11）后袖山起皱。后袖山部位不平,起皱。

（12）西装塌胸。胸部不丰满。

（13）背叉搅、豁。上衣背叉搭叠过多豁开。

（14）裤腰腰口不平。腰口弯曲不平,后缝的腰口处摇摆,出角,门里边口不顺直。

（15）裤子前裆起皱。小裆不平,裆缝不圆顺。

（16）吊裆。下裆缝抽紧,裤脚处上提,裆底部位不平服、不圆顺。

（17）裤子挺缝歪斜。裤子前面两条挺缝向里或向外歪斜,不在裤筒中间。

（18）裤子门、里襟长短。裤钩钩好,门、里襟上口两片长短不一致。

（19）裤子豁脚。即是俗称"开步走"。

（20）插袋不平。裤子插袋不平,垫袋布外露。

（21）缝制疵病。如针洞、跳针、断线、断针。

思考题

根据所学内容对西服、衬衫、西裤、大衣、裙子等服装成品进行服装成品规格、服装外观质量检测,注意操作的顺序、检测的项目,总结分析报告上交。

参考文献

[1]吴卫刚,周蓉. 纺织品标准应用[M]. 北京:中国纺织出版社,2003.

[2]瞿才新. 纺织检测技术[M]. 北京:中国纺织出版社,2011.

[3]王飞,甘志红. 纺织服装面料检测与分析[M]. 上海:学林出版社 2012.

[4]刘华. 机织物分析与设计[M]. 上海:学林出版社,2012.

[5]瞿才新,张荣华. 纺织材料基础[M].2 版. 北京:中国纺织出版社,2017.